菌儿自传

U0160781

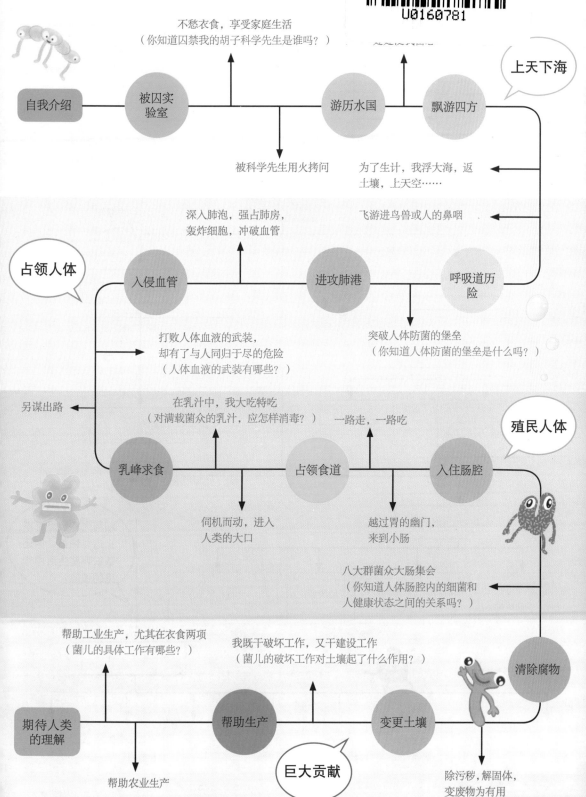

不愁衣食，享受家庭生活
（你知道囚禁我的胡子科学先生是谁吗？）

上天下海

自我介绍 — 被囚实验室 — 游历水国 — 飘游四方

被科学先生用火拷问

为了生计，我浮大海，返土壤，上天空……

飞游进鸟兽或人的鼻咽

占领人体

深入肺泡，强占肺房，轰炸细胞，冲破血管

入侵血管 — 进攻肺港 — 呼吸道历险

突破人体防菌的堡垒
（你知道人体防菌的堡垒是什么吗？）

打败人体血液的武装，却有了与人同归于尽的危险
（人体血液的武装有哪些？）

另谋出路

在乳汁中，我大吃特吃
（对满载菌众的乳汁，应怎样消毒？）

一路走，一路吃

殖民人体

乳峰求食 — 占领食道 — 入住肠腔

伺机而动，进入人类的大口

越过胃的幽门，来到小肠

八大群菌众大肠集会
（你知道人体肠腔内的细菌和人健康状态之间的关系吗？）

帮助工业生产，尤其在衣食两项
（菌儿的具体工作有哪些？）

我既干破坏工作，又干建设工作
（菌儿的破坏工作对土壤起了什么作用？）

清除腐物

期待人类的理解 — 帮助生产 — 变更土壤

帮助农业生产

巨大贡献

除污秽，解固体，变废物为有用

菌儿大家族

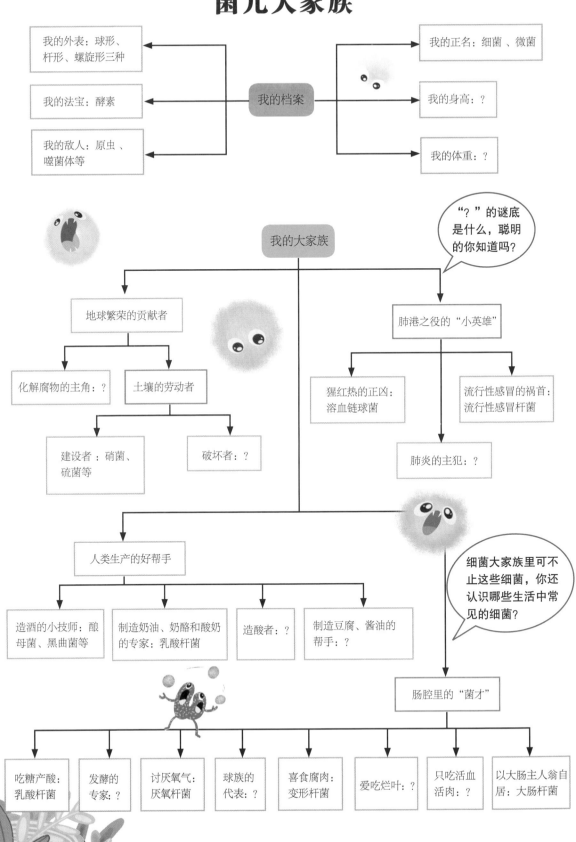

我的外表：球形、杆形、螺旋形三种

我的法宝：酵素

我的敌人：原虫、噬菌体等

我的档案

我的正名：细菌、微菌

我的身高：？

我的体重：？

"？"的谜底是什么，聪明的你知道吗？

我的大家族

地球繁荣的贡献者

肺港之役的"小英雄"

化解腐物的主角：？

土壤的劳动者

猩红热的正凶：溶血链球菌

流行性感冒的祸首：流行性感冒杆菌

建设者：硝菌、硫菌等

破坏者：？

肺炎的主犯：？

人类生产的好帮手

细菌大家族里可不止这些细菌，你还认识哪些生活中常见的细菌？

造酒的小技师：酿母菌、黑曲菌等

制造奶油、奶酪和酸奶的专家：乳酸杆菌

造酸者：？

制造豆腐、酱油的帮手：？

肠腔里的"菌才"

吃糖产酸：乳酸杆菌

发酵的专家：？

讨厌氧气：厌氧杆菌

球族的代表：？

喜食腐肉：变形杆菌

爱吃烂叶：？

只吃活血活肉：？

以大肠主人翁自居：大肠杆菌

少年知道

细菌世界历险记

思维导图版

高士其 著

中国致公出版社

少年
知道
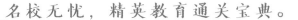 全世界都是你的课堂

名校无忧，精英教育通关宝典。

名校入学考试，都有哪些意想不到的神题？从少年知道里寻找答案吧！秉承中外名校先进教育理念，精选中小学阅读指导书目，人大附中、清华附小等名校推荐必读书，专注培养孩子的人文与科学素养。

自带学霸笔记，让学习更有效率。

为什么读同一本书，学霸从书中学的更多？少年知道帮你总结学霸笔记！每本总结十个青少年必知必会的深度问题，可参与线上互动问答，内容复杂的图书更有独家思维导图详解。

拒绝枯燥，每本书都是一场有趣的知识旅行。

全明星画师匠心手绘插图，从微观粒子到浩瀚星空，从生命起源到社会运转，寻幽探隐，上天入地，让全世界都成为你的课堂。

这些有趣的知识，你知道吗？

本书为了激发孩子的阅读兴趣，享受阅读，特别提供了以下资源服务：

微信扫码，趣味学知识

★本书音频 少年爱问互动问答，帮你巩固所学。

★阅读打卡 每天阅读打卡，辅助培养阅读好习惯。

★专属社群 入群与同学们分享你的读书心得感悟。

★线上博物馆 你想去世界顶级博物馆里一探究竟吗？

★趣味实验室 你知道这些实验背后的原理吗？

★科学家故事 你认识那些改变世界的科学家吗？

少年爱问
细菌世界历险记

1. 寄生虫、微生物、病毒、病菌……在细菌看来都是人类对它的胡乱称呼，你能帮它正名吗？

2. 我们每天都会接触各种各样的细菌，你见过细菌吗？

3. 实验室里来了新细菌，科学先生的徒弟不知道怎么准备它的口粮，你能帮帮他吗？

4. 河水可以直接喝吗？

5. 每一种特殊的传染病都有一种特殊的病菌在作祟，你知道怎样寻出背后的正凶吗？

6. 为了吃血，细菌制订了详细的作战计划，你能协助身体取得抗菌战役的胜利吗？

7. 我们的肠道内有各种各样的细菌，你知道怎样拥有菌群平衡的肠道吗？

8. 土壤里有一群辛勤劳作、默默付出的无名英雄，你知道它们是谁吗？

9. 被人类指责，细菌为什么觉得冤枉？请你来帮它辩解。

10. 在细菌世界中遨游了一圈，你对哪一种细菌最感兴趣？

开 场 白

听呵，我所喜爱的人们，

在这动荡的大时代里，

光明和黑暗的势力做着不断的搏斗，

人类互相火并。

我虽然没有上过战场，

但我的生命正在另外一种的战场上，

进行着剧烈的战斗，

是人类和细菌的战斗。

我的战场是实验室，

我的武器是显微镜，

我担任着侦察细菌行动的工作，

收集了各方面关于细菌的情报。

我遭了细菌的暗算，

负伤了退下来，

从那天起我就渐渐失去了我的健康。

脑病的恶魔把我封锁在这小小的房间里面，

森严的墙壁包围着我，

我被夹在天花板与地板之间了。

明媚的阳光从窗外射进来，

我也不能出去迎接她。

白天我被病魔捆缚在椅子上，

不能自由地行动；

夜晚我被病魔压伏在床上，

不能自由地转身。

甚至于连吃饭穿衣，

甚至于连洗脸刷牙，

甚至于连大小便，

都需要人家扶持，

都需要人家帮助。

这样的日子，

几十年如一天，

就这样慢慢地度过去了，

留下些写给我健康同胞们的诗句和文字……

1982 年 5 月 26 日

细菌世界历险记

目录
contents

人类的生活

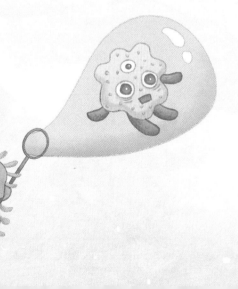

漫游自然

细菌世界历险记

菌儿自传

我 的 名 称

这一篇文章，是我老老实实的自述，请一位曾直接和我见过几面的人笔记出来的。

我自己不会写字，写出来，就是蚂蚁也看不见。

我也不曾说话，就有一点声音，恐怕苍蝇也听不到。

那么，这位笔记的人，怎样接收我心里所要说的话呢？

那是暂时的一个秘密，恕我不公开吧。

闲话少讲，且说我为什么自称"菌儿"。

我原想取名为微子，可惜中国的古人，已经用过了这名字，而且我嫌"子"字有点大人气，不如"儿"字谦卑。

自古中国的皇帝，都称为天子。这明明要挟老天爷的声名架子，以号召群众，使小百姓们吓得不敢抬头。古来的圣贤名哲，又都好称为子，什么老子、庄子、孔子、孟子……真是"子"字未免太名贵了，太大模大样了，不如"儿"字来得小巧而逼真。

我的身躯，永远是那么幼小。人家由一粒"细胞"出身，能积成几千，几万，几万万。细胞变成一根青草，一把白菜，一株挂满绿叶的大树，或变成一条蚯蚓，一只蜜蜂，一头大狗、大牛，乃至于大象、大鲸，看得见，摸得着。我呢，也是由一粒细胞出身，虽然分得格外快、格外多，但只恨它们不争气，不团结，所以变来变去，总是那般一盘散沙似的，孤单单的，一颗一颗，又短又细又寒酸。惭愧惭愧，因此今日自命作"菌儿"。为"儿"的原因，是因为小。

至于"菌"字的来历，实在很复杂，很渺茫。屈原所作《离骚》中，有这么一句："杂申椒与菌桂兮，岂维纫夫蕙茝。"这里的"菌"，是指一种香木。这位失意的屈先生，拿它来比喻贤者，以讽刺楚王。我的老祖宗，有没有那样清高，那样香气熏人，也无从查考。

不过，现代科学家都已承认，菌是生物中之一大类。菌族菌种，很多很杂，菌子菌孙，布满地球。你们人类所最熟识者，就是煮菜煮面所用的蘑菇香蕈之类，那些像小纸伞似的东西，黑圆圆的盖，硬短短的柄，实是我们菌族里的大汉。当心呀！勿因味美而忘毒，那大菌，有的很不好惹，会毒死你们贪吃的人呀。

至于我，我是菌族里最小最小，最轻最轻的一种。小得使你们肉眼看得见灰尘的纷飞，看不见我们也夹在里面飘游；轻得我们好几十万挂在苍蝇脚下，它也不觉得重。真的，我只是苍蝇眼睛的千分之一大小，体重不到一粒灰尘的百分之一。

因此，自我的始祖，一直传到现在，在生物界中，混了这几千万年，没有人知道有我。大的生物，都没有看见过我，都不知道我的存在。

不知道也罢，我也乐得过着逍逍遥遥的生活，没有人来搅扰。天晓得，后来，偏有一位异想天开的人，把我发现了，我的秘密，就渐渐地泄露出来，从此多事了。

这消息一传到众人的耳朵里，大家都惊惶起来，觉得我比黑暗里的影子还可怕。然而始终没有和我对面会见过，仍然是莫名其妙，恐怖中，总带着半信半疑的态度。

"什么'微生虫'？没有这回事，自己受了风，所以肚子痛了。"

"哪里有什么病虫？这都是心火上冲，所以头上脸上生出疖子疔疮来了。"

"寄生虫就说有，也没有那么凑巧，就爬到人身上来，我看，你的病总是湿气太重的缘故。"

这是我亲耳听见的三位中医对三位病家所说的话。我在旁暗暗地好笑。

他们的传统观念中，病不是风生，就是火起，不是火起，就是水涌上来的，而不知冥冥之中还有我在把持活动。

因为冥冥之中，他们看不见我，所以又疑神疑鬼地叫道："有鬼，有鬼！有狐精，有妖怪！"

其实，哪里来的这些魔物，他们所指的，就是指我，而我却不是鬼，也不是狐精，也不是妖怪。我是真真正正、活活现现、明明白白的一种生物，一种最小最小的生物。

既是生物，为什么和人类结下这样深的大仇，天天害人生病，时时暗杀人命呢？

说起来也话长，我真是有冤难申，在这一篇自述里面，当然要分辨个明白，那是后文，暂搁不提。

因为一般人没有亲见过我，关于我的身世，都是出于道听途说，传闻失真，对于我未免胡乱地称呼。

虫、虫、虫——寄生虫、病虫、微生虫，都有一个字不对。我根本就不是动物的分支，当不起"虫"字这尊号。

称我为寄生物，为微生物，好吗？太笼统了。配得起这两个名称的，又不止我这一种。

唤我作病毒吗？太没有生气了。我虽小，仍是有生命的啊。

病菌，对不对？那只是我的罪名，病并不是我的职业，只算是我非常时的行动，真是对不起。

是了，是了，微菌是了，细菌是了。那固然是我的正名，却有点科学绅士气，不合乎大众的口头语，而且还有点西洋气，把姓名都颠倒了。

菌是我的姓。我是菌中的一族，菌是植物中的一类。

菌字，口之上有草，口之内有禾，十足地表现出植物中的植物。这是寄生植物的本色。

我是寄生植物中最小的儿子，所以自愿称作菌儿。以后你们如果有机缘和我见面，请不必大惊小怪，从容地和我打一个招呼，叫声"菌儿"好吧。

我 的 籍 贯

我们姓菌的这一族，多少总不能和植物脱离关系罢。

植物是有地方性的。这也是为着气候的不齐。热带的树木移植到寒带去，多活不成。你们一见了芭蕉、椰子之面，就知道是从南方来的。荔枝、龙眼的籍贯是广东与福建，谁也不能否认。

　　我菌儿却是地球通，不论是地球上哪一个角落里，只要有一些水汽和"有机物"，我都能生存。

　　我本是一个流浪者。

　　像西方的吉卜赛民族，流荡成性，到处为家。

　　像东方的游牧部落，逐着水草而搬移。

　　又像犹太人，没有了国家，散居异地谋生，都能各个繁荣起来，世界上大富大家，不多是他们的子孙吗？

　　这些人的籍贯，都很含混。

　　我又是大地上的清道夫，替大自然清除腐物烂尸，全地球都是我工作的区域。

　　我随着空气的动荡而上升。有一回，我正在天空 4 000 米之上飘游，忽而遇见一位满面都是胡子的科学家，驾着氢气球上来追寻我的踪迹。那时我身轻不能自主，被他收入一只玻璃瓶子里，带到他的实验室里去受罪了。

我又随着雨水的浸润而深入土中。但时时被大水所冲洗，洗到江河湖沼里面去了。那里的水，我真嫌太淡，不够味，往往不能得一饱。

犹幸我还抱着一个很大的希望：希望娘姨大姐、贫苦妇人，把我连水挑上去淘米洗菜、洗碗洗锅；希望农夫工人、劳动大众，把我一口气喝尽了；希望由各种不同的途径，到人类的肚肠里去。

> 人类的肚肠，是我的天堂，
>
> 在那儿，没有干焦冻饿的恐慌，
>
> 那儿只有吃不尽的食粮。

然而世事往往不如意料的美满，这也只好怪我自己太不识相了，不安分守己，饱暖之后，又肆意捣毁人家肚肠的墙壁，于是乱子就闹大了。那个人的肚子，觉得一阵阵的痛，就要吞服蓖麻油之类的泻药，或用灌肠的手法，不是油滑，便是稀散，使我立足不定，这么一泻，就泻出肛门之外了。

从此我又颠沛流离，如逃难的灾民一般，幸而不至于饿死，辗转又归到土壤了。

初回到土壤的时候，一时寻不到食物，就吸收一些空气里的氮气，以图暂饱。有时又把这些氮气，化成了硝酸盐，直接和豆科之类的植物换取别的营养料。有时遇到了鸟兽或人的尸身，那是我的大造化，够我几个月乃至几年享用了。

天晓得，20世纪以来，美国的生物学者，渐渐注意到了伏于土壤中的我。有一次，我被他们掘起来，拿去化验了。

我在化验室里听他们谈论我的来历。

有些人就说，土壤是我的家乡。

有的以为我是水国里的居民。

有的认为我是空气中的浪子。

又有的称我是他们肚子里的老主顾。

各依各人的实验所得而报告。

其实，不但人类的肚子是我的大菜馆，人身上哪一块不干净，哪一块有裂痕伤口，哪一块便是我的酒楼茶店。一切生物的身体，不论是热血或冷血，也都是我求食借宿的地方。只要环境不太干，不太热，我都可以生存下去。

干莫过于沙漠，那里我是不愿去的。埃及古代帝王的尸体，所以能保藏至今而不坏，也就为着我不能进去的缘故。干之外再加以防腐剂，我就万万不敢去了。

热到了 60℃ 以上，我就渐渐没有生气，一到了 100℃ 的沸点，我就没有生望了。我最喜欢的是暖血动物的体温，那是在 37℃ 左右罢。

热带的区域，既潮湿，又温暖，所以我在那里最惬意，最舒适，因此又有人认为我的籍贯，大约是在热带罢。

世界各国人口的疾病和死亡率，据说以中国与印度为最高，于是众人的目光又都集中在我的身上了，以为我不是中国籍，便是印度籍。

最后，有一位欧洲的科学家站起来，说我应属于荷兰籍。说这话的人的意见以为，在 17 世纪以前，人类始终没有看见过我，而后来发现我的地方，却在荷兰国德尔夫市政府的一位看门老头子的家里。

这事情发生于公元 1675 年。

这位看门先生是制显微镜的能手。他所制的显微镜，都是单用一片镜片磨成，并不像现代的复杂显微镜那么笨重而复式，而他那些镜片的放大力，却也不弱于现代科学家所用的。我是亲尝过这些镜片的滋味，所以知道得很清楚。

这老头儿，在空闲的时候，便找些小东西，如蚊子的眼睛，苍蝇的脑袋，臭虫的刺，跳蚤的脚，植物的种子，乃至自己身上的皮屑之类，放在镜片下聚精会神地细看，那时我也夹杂在里面，有好几番都险些被他看出来了。

但是，不久，我终于被他发现了。

有一天，是雨天吧，我就在一小滴雨水里面游泳，谁想到这一滴雨水，就被他寻去放在显微镜下看了。

他看见了我在水中活动的影子，就惊奇起来，以为我是从天而降的小动物，他看了又看，疯狂了一样。

又有一次，他异想天开，把自己的齿垢刮下一点点来细看，这一看非同小可，我的原形都现于他的眼前了。原来我时时都伏在那齿缝里面，想分吃一点"入口货"，这一次是我的大不幸，竟被他捉住了，使我族几千万年以来的秘密一朝泄露于人间。

我在显微镜底下，东跳西奔，没处藏身，他眼也看红了，我身也疲乏了，一层大大厚厚的水晶上，映出他那灼灼如火如电的目光，着实可怕。

后来他还将我画影图形，写了一封长长的信，报告给伦敦"英国皇家学会"，不久消息就传遍了全欧洲，所以至今欧洲的人，还以为我是荷兰籍者。这是错以为发现我的地点就是我的"出生地"。

老实说，我就是这边住住，那边逛逛；飘飘然而来，渺渺然而去，到处是家，行踪无定。因此籍贯实在有些决定不了。

然而我也不以此为憾。鲁迅的阿Q，那种大模大样的乡下人籍贯尚且有些渺茫，何况我这小小的生物，素来不大为人们所注视，又哪里有记载可寻，历史可据呢！

不过，我既是造物主的作品之一，生物中的小玲珑，自然也有个根源，不是无中生有，半空中跳出来的，那么，我的籍贯也许可从生物的起源这问题上，寻出端绪来吧。但这问题并不是一时所能解决的。

最近，科学家用电子显微镜等科学装备，发现了原始生物化石。在非洲南部距今31亿年前的太古代地层中，找到长约0.5微米的杆状细菌遗迹，据说这是最古老的细菌化石。那么，我们菌儿祖先确是生物界原始宗亲之一了。这样，我的原籍就有证据可查了。

我的家庭生活

我正在水中浮沉，空中飘零，
听着欢腾腾一片生命的呼声，
欢腾腾赞美自然的歌声；
忽然飞起了一阵尘埃，
携着枪箭的人类陡然而来，
生物都如惊弓之鸟四散了。
逃得稍慢的都一一遭难了。

有的做了刀下之鬼，有的受了重伤；

有的做了终身的奴隶，有的饱了人类的饥肠。

大地上布满了呻吟挣扎的喊声，

一阵阵叫我不忍卒听的尖锐的哀鸣。

我看到不平，于是落荒而走。

　　我因为短小精悍，容易逃过人眼，就悄悄地度过了好几万载，虽然在17世纪的临了，被发觉过一次，幸而当时欧洲的学者，都当我是科学的小玩意，只在显微镜上瞪瞪眼，不认真追究我的行踪，也就没有什么过不去的事了。

　　又挨过了两个世纪的辰光，法国出了一位怪学究，毫不客气地怀疑我是疾病的元凶，要彻底清查我的罪状。

　　无奈呀，我终于被囚了！

　　被囚入那无情的玻璃小塔了！

　　我看他那满面又粗又长的胡子，真是又惊又恨，自忖，这是我的末日到了。

　　也许因为我的种子繁多，不易杀尽，也许因为杀尽了我，断了线索，扫不清我的余党；于是他就暂养着我这可怜的薄命，在实验室的玻璃小塔里。

　　在玻璃小塔里，气候是和暖的，食物是源源供给的，有如许的便利，一向流浪惯的我，也顿时觉得安定了。从初进塔门到如今，足足混了60余年的光阴，因此这一段的生活，从好处着想，就说是我的家庭生活吧。

　　家庭生活是和流浪生活对立而言的。

　　然而，这玻璃小塔于我，仿佛也似笼之于鸟，瓶之于花，是牢

狱的家庭，家庭的牢狱，有时竟是坟墓了，真是上了科学先生的当。

虽说上当，毕竟还有一线光明在前面，也许人类和我的误会，就由这里而进于谅解了。

把牢狱当作家庭，

把怨恨消成爱怜，

把误会化为同情，

对付人类只有这办法。

这玻璃小塔，是亮晶晶、透明的，一尘不染，强酸不化，烈火不攻，水泄不通，薄薄的玻璃造成的，只有塔顶那圆圆的天窗，可以通气，又塞满了一口的棉花。

说也奇怪，这塔口的棉花塞，虽有无数细孔，气体可以来往自如，却像《封神榜》里的天罗地网，《三国演义》里的八阵图，任凭我有何等通天的本领，一冲进里面，就绊倒了，迷了路，逃不出去，所以看守我的人，是很放心的。

过惯了户外生活的我，对于实验室中的气温，本来觉得很舒适，但有时刚从人畜的身内游历一番，回来就嫌太冷了。

于是实验室里的人，又特别为我盖了一间暖房，那房中的温度和人的体温一样，门口装有一只按时计温的电表，表针一离了37℃的常轨，看守的人就来拨拨动动，调理调理，总怕我受冷。

记得有一回，胡子科学先生的一个徒弟带我下乡去考察，还要将这玻璃小塔，密密地包了，存入内衣的小袋袋，用他的体温温我的体，总怕我受冷。

科学先生给我预备的食粮，色样众多。大概他们试探我爱吃什么，就配了什么汤，什么膏，如牛心汤、羊脑汤、糖膏、血膏之类。还有一种海草做的，叫作"琼脂"，是常用来做底子的，那我是吃不动的，摆着做样子，好看一些罢了。

他们又怕不合我的胃口，加了盐又加了酸，煮了又滤，滤了又煮，消毒了又消毒，有时还掺入或红或蓝的色料，真是周到。

我是著名的吃血的小霸王，但我嫌那生血的气焰太旺，死血的质地太硬，我最爱那半生半熟的血。于是实验室里的大司务，又将那鲜红的血膏，放在不太热的热水里烫，烫成了美丽的巧克力色。这是我最精美的食品。

然而，不料，有一回，他们竟送来了一种又苦又辛的药汤给我吃了。这据说是为了要检查我身体的化学结构而预备的。那药汤是由各种单纯的、无机和有机的化合物，含有细胞所必需的十大元素配合而成。

那十大元素是一切生物细胞的共有物。

碳为主；

氢、氧、氮副之；

钾、钙、镁、铁又其次；

磷和硫居后。

我的无数种子里面，各有癖好，有的爱吃有机之碳，如蛋白质、淀粉之类；有的爱吃无机之碳，如二氧化碳、碳酸盐之类；有的爱吃阿摩尼亚①之氮；有的爱吃亚硝酸盐之氮；有的爱吃硫；有的爱吃铁。于是科学先生各依所好，而酌量增加或减少各元素的成分，因此那药汤也就不大难吃了。

我的呼吸也有些特别。在平时，我固然尽量地吸收空气中的氧，有时却嫌它的刺激性太大，氧化力太强了，常常躲在低气压的角落里，暂避它的锋芒。所以黑暗潮湿的地方最适合我繁殖，一件东西将要腐烂，都从底下烂起。又有时我竟完全拒绝氧的输入了，原因是我自己的细胞会从食料中抽取氧的成分，而且来得简单，在外面氧的压力下，反而不能活，生物中不需空气而能自立生存的，恐怕只有我这一种吧。

不幸，这又给饲养我的人，添上一件麻烦了。

我的食量无限大，一见了可吃的东西，就吃个不停，吃完了才罢休。一头大象，或大鲸的尸身，若任我吃，不怕花去五年十载的工夫，也要吃得精光。大地上一切动植物的尸体，都是我这清道夫给收拾得干干净净了。

何况这小小玻璃之塔里的食粮，是极有限的。于是又忙了亲爱

①阿摩尼亚：氨的旧称，氮和氢的化合物。

的科学先生，用白金丝挑了我，搬来搬去，费去了不少的亮晶晶的玻璃小塔，不少的棉花，不少的汤和膏，三日一换，五日一移，只怕我绝食。

最后，他们想了一条妙计，请我到冰箱里去住了。受冰点的寒气的包围，我的细胞缩成了一小丸，没有消耗，也无须饮食，可经数月的饿而不死。这秘密，最终被他们探出了。

在冰箱里，就像是我的冬眠。但这不按四时季节的冬眠，随着他们看守者的高兴，又不是出于我的自愿，他们省了财力，累我受了冻饿，这有些像科学的资本主义者的手段了。

我对于气候寒冷的感觉，和我的年纪也有关系，年纪愈轻愈怕冷，愈老愈不怕，这和人类的身体恰恰相反。

从前胡子科学先生和他的大徒弟们，都以为我有不老的精神，永生的力量：说我每20分钟，就变作2个，8小时之后，就变成16 000 000个，24小时之后，也竟有500吨的重量了，岂不是不久就要占满了全地球吗？

现在胡子先生已不在人世，他的徒子徒孙对我的观感，有些不同了。

他们说我的生活也可以分为少、壮、老三期，这是根据营养的盛衰，生殖的迟速，身材的大小，结构的繁简而定的。

最近，有人提出我的婚姻问题了。我这小小家庭里面，也有夫妻之别，男女之分吧？这问题难倒了科学先生了。有的说，我在无性的分裂生殖以外，还有有性生殖。他们眼都看花了，意见还都不一致。我也不便直说了。

科学先生的苦心如此，我在他们的娇养之下，无忧无虑，不愁衣食，也"乐不思蜀"了。

但是，他们一翻了脸，要提我去审问，这家庭就宣告破产，而变成牢狱了，唉！

无情的火

我从踏进了玻璃小塔之后，初以为可以安然度日子了。想不到，从白昼到黑夜又到了白昼，刚刚经过了24小时的拘留，我正吃得饱饱的，懒洋洋地躺在牛肉汁里，由它浸润着；忽然塔身震荡起来，一阵热风冲进塔中，天窗的棉花塞不见了，从屋顶吊下来一条又粗又长、明晃晃的、热烘烘的白金丝，丝端有一圈环子，救生环似的，把我钩到塔外去了。

我真慌了。我看见那位好生面熟的科学先生，坐在那长长的黑漆的实验桌旁，五六个穿白衫的青年都围着看，一双双眼睛都盯着我。

他放下了玻璃小塔，提起了一片明净的玻璃片，片上已滴了一滴清水，就将右手握着那白金丝上的我，向这一滴水里一送，轻轻地一涂，搅得我的身子乱转。

这一滴水就似是我的大游泳池，一刹那，那池水已自干了。于是我的大难临头了。

我看见那酒精灯上的青光，心里已兀突兀突地跳了。果然那狠心的科学先生一下子就把我往火焰上穿过了三次，使那冰凉的玻璃片，立时变成热烫烫的火床了。我身上的油衣都脱化了。烧得我的细胞焦烂，死去活来，终于晕倒，不省"菌"事了。

据说，后来那位先生还洗我以酒，浸我以酸，毒我以碘汁，灌我以色汤，使我披上一层黑紫衣，又披上一件大红衣，都是为着便利于检查我的身体，认识我的形态起见，而发明了这些曲曲折折的手续。当时我是热昏了全然不知不觉的，一任他们的摆弄就是了，又有什么法子想呢？

自从此后，每隔一天，乃至一星期，我就要被提出来拷问，来受火的苦刑。

火，无情的火，我一生痛苦的经验，多半都是由于和它碰头。

这又引起我早年的回忆了。

我本是逐着生冷的食物而流浪的。这在谈我的籍贯那一章已说得明明白白了。

在太古蛮荒的时代，人类都是茹毛饮血，茹的是生毛，饮的是冷血。那时口关的检查不太严，食道可以随意放行，我也自由自在无阻无碍地跟着那些生生冷冷的鹿肉呀羊心呀，到人类的肚肠去了。

自从传说中，不知第几任的中国帝王，那淘气的燧人氏，那钻木取火的燧人氏，教老百姓吃熟食以来，我的生计问题，曾经发生过一次极大的恐慌。

后来还亏这些老百姓不大认真，炒肉片吧，炒得半生半熟，也满不在乎地吃了。不然就是随随便便地连碗底都没有洗干净就去盛菜，或是留了好几天的菜，味都变了，还舍不得不吃，这就给我一个"走私""偷运"的好机会了。他们都看不出我仍在碗里活动。

热气腾腾的时候，我固然不敢走近；凉风一拂，我就来了。

当然，我最得力的助手，还是蝇大爷和蝇大娘。

我从肚肠里出来，就遇着蝇大爷。我紧紧地抱着它的腰，牢牢地握着它的脚。它"嗡"的一声飞到大菜间里去了。它"噗"的一下停落在一碗菜的上面，身子一摇，把我抛下去了。我忍受着菜的热气，欢喜那菜的香味，又有得吃了。

我吃得很惶惑，抬起头来，听见一位牧师在自言自语：

"上帝呀，万有万能的主呵！你创造了亚当和夏娃，又创造了无数鸟兽鱼虫、花草木兰来陪伴他们，服侍他们。你的工作真是繁忙啊！你的手术真是飞快啊！你果真于六天之内就造成了这么多的生物么？你真来得及么？你第七天以后还有新的作品么？……

"近来有些学者对你怀疑了。怀疑有好些小动物都未必是由你的大手挥成。它们都可以自己从烂东西里自然而然地产生出来。就如苍蝇、萤火虫、黄蜂、甲虫之流，乃至于小老鼠，都是如此产生。尤其是苍蝇，苍蝇的公子哥儿的确是自然而然地从茅厕坑里跳出来的啊！……"

我听了暗暗地好笑。

这是 17 世纪以前的事，那时的人，都还没有看见过苍蝇大娘的蛋，看见了也不知道是什么。

不久之后，在 1688 年的夏天，有一回，我跟着苍蝇大娘出游，游到了意大利一位生物学先生的书房里。它停落在一张铁纱网的面上，跳来跳去，四处探望。我但闻一阵阵的肉香，不见一块块的肉影。它更着急了，用那一只小脚乱踢，把我踢落到了那铁纱网的下边去了。原来肉在这里！

这是这位生物学先生的巧计。防得了苍蝇，却防不了我，小苍蝇虽不见飞进去，而那一锅的肉却依旧酸了烂了。

从此苍蝇的秘密被人类发觉了。为着生计问题，于是我更无孔不钻，无缝不入了。

我也不便屡次高攀苍蝇的贵体，这年头，专靠苍蝇大爷和苍蝇大娘谋食，是靠不住的呵！于是我也常常在空气中游荡，独自冒险远行以觅食。

有一回，是 1745 年的秋天吧，我到了爱尔兰，飞进了一位天主教神父的家里。他正在热烈的火焰上烧着一大瓶的羊肉汤，我闻着羊肉气，心怦怦地跳。又怕那热气太高，不敢下手。他煮好了，放在桌上，我刚要凑近，陡然一下，那瓶口又被他紧紧密密地塞上了木塞子。我向四周一看，还有个弯弯的大隙缝，就索性挤进去了。

初到肉汤的第一刻，我还嫌太热，一会儿就温和而凉爽了。一会儿，忽然又热起来了，那肉汤不停地乱滚，滚了好一个时辰，这才歇息了。我一上一下地翻腾，热得要死，往外一看，吓得我差点儿没命，原来那神父又在火焰上烧这瓶子了！烧了约莫一个钟头的光景。

我幸而没有被烧死，逃过了这火关，就痛快地大吃了一顿，把这一瓶清清的羊肉汤搅浑得不成样子了，仿佛是水中的乱云飞絮似的上下浮沉。那阔嘴的神父，看了又看，又挑了一滴放在显微镜下再看，看完之后，就大吹大擂起来了。他说：

"我已经烧尽了这瓶子里的生命，怎么又会变出这许多来了。这显然是微生物会从羊肉汤里自然而然地产生出来的呀！"

我听了又好气又好笑。

这样糊里糊涂地又过了 24 年。

到了 1769 年的冬天，从意大利又发出反对这种"自然发生学说"的呼声，这是一位秃头教士的声音。他说：

"那爱尔兰神父的实验不精到，塞没有塞好，烧没有烧透，那小塞子是不中用的，那一个钟头是不够用的。要塞，不如密不透风地把瓶口封住了。要烧，就非烧到一小时以上不可。要这样才……"
我听了这话，吃惊不小，叫苦连天。

一则有绝食的恐慌；二则有灭身的惨祸。

这是关于我的起源的大论战。教士与神父怒目，学者和教授切齿。他们起初都不能决定我出身何处，起家哪里。从不知道或腐或臭的肉呵，菜呵，都是我吃饱了的成绩。他们却瞎说瞎猜，造出许多科学的谣言来，什么"生长力"呀，什么"氧化作用"呀，一大堆的论文，其实那黑暗的主动者就是我，都是我，只有我！

仿佛又像诸葛亮和周瑜定计破曹操似的，这些科学的军师们，一个个的手掌心，都不约而同地写着"火"字。他们都用火来攻我，用火来打破这微生物的谜。

火，无情的火，真害我菌儿死得好苦也！

这乱子一直闹了一个世纪，一直闹到了 1864 年的春天，这才被那位著名的胡子科学先生的实验，完完全全地解决了。

说起来也话长，这位胡子先生真有了不起的本事，真是细菌学军营里的姜子牙。我这里也不便细谈他的故事了。

单说有一天吧，我飘到了他的实验室里了。他的实验室我是常光顾的。这一次却没有被请，而是我独自闲散地飞游而来了。

我看见满桌上排着二三十瓶透明的黄汤，有肉香，有甜味。那每一只的瓶颈，都像鹤儿的颈子一般，细细长长地弯了那么一大弯，又昂起头来。我禁不住就从一只瓶口扬长地飞进去了。可是，到了瓶颈的半路，碰了玻璃壁，又滑又腻的壁，费尽气力也爬不上去，真是苦了我，罢了罢了！

那胡子科学先生一天要跑来看几十次，看那瓶子里的黄汤仍是清清明明的，阳光把窗影射在上面，显得十二分可爱，他脸容上现出一阵一阵的微笑。

这一着，他可把"自然发生说"的饭碗完全打翻了。为的是我不得到里面去偷吃，那肉汤，无论什么汤，就不会坏，永远都不会坏了。

于是，他疯狂似的，携着几十瓶的肉汤，到处寻我，到巴黎的大街上，到乡村的田地上，到天文台屋顶的空房里，到黑暗的地窖里，到瑞士，爬上阿尔卑斯山的最高峰去寻我。他发现空气愈稀薄，灰尘愈少，我也愈稀，愈难寻。

寻我也罢，我不怪他。只恨他又拿我去放在瓶子里烧。最恨他烧我又一定要烧到110℃以上，120℃以上，乃至170℃；用高压力来烧我，用干热来烧我，烧到了一个钟头还不肯止呢！

火，无情的火，是我最惨痛的回忆啊！

现在胡子先生虽已不在了，而我却被困在这玻璃小塔里，历万劫而难逃，那塔顶的棉花网，就是他所想出的倒霉法子。至于火的势力，哎哟！真是大大地蔓延起来了。

火，无情的火，实验室的火，医院的火，检疫处的火，到处都起了火了。果真能灭亡了我吗？那至多也怕不过像秦始皇焚书似的。

我的儿孙布满陆地、大海与天空。

毁灭了大地，毁灭了万物，才能毁灭我的菌群！

水 国 纪 游

实验室的火要烧焦了我，快了。

渴望着水来救济，期待着水来浸洗，我真做了庄周所谓的"涸辙之鲋"了。

无情的火处处致我灼伤，有情的水杯杯使我留恋。世间唯水最多情！这使中国的灾民听了，恐怕会不同意吧？

"你看那滔天大水，使我们的田舍荡尽，水哪里还有情？！"

这是因为从大禹以来，中国就没有能治水的人，能顺着水性去治，把江河泛滥的问题，一劳永逸地解决了。

中国的古人曾经写成了一部《水经》①，可惜我没有读过；但我料他一定把我这一门水族里最繁盛的生物遗漏了。我是深明水性的生物。

水，我似听见你不平的流声，我在昏睡中惊醒！

五月的东风，卷来了一层密密的黑云，遮满了太平洋的天空。

我听见黄河的吼声，扬子江的怒声，珠江的喊声，齐奔大海，击破那翻天的巨浪。

这万千的水声，洪大、悲壮、激昂，打动了我微弱的胞心，鼓起了我疲惫的鞭毛，陡然增长了我斗生的精神。

水，我对于你，有遥久深远的感情，我原是水国的居民。

水，你是光荣的血露，神圣的流体！

耶稣基督据说也曾受过你的洗礼。

地面上的万物都要被你所冲洗。

水，我也爱你的浊，也爱你的清。

清水里，氧气充足，我虽饿肚皮，却能延长寿命。

浊水里，有那丰富的有机物，供我尽情地受用。

气候暖，腐物多，我就很快地繁殖。

气候冷，腐物少，我也能安然地度日。

气候热，腐物不足，我吃得太速，那生命就很短促了。

水，什么水？是雨水。把我从飞雾浮尘带到了山洪、溪涧、河流、沟壑。浮尘愈多，大雨一过，下界的水愈遍满了我的行踪。

---

① 《水经》：中国第一部记述河道水系的专著。

我记起了阿比西尼亚①雨季的滂沱。法西斯头子墨索里尼纵使并吞了阿比西尼亚，也消灭不了那滂沱，更止不住我从土壤冲进了江河。

雨季连绵下去，雨水已经澄清了天空，扫净了大地，低洼处的我，虽不会再加多，有时反而被那后降的纯洁的雨水逐散了，然而大江小河，这时已浩浩荡荡满载着我，这将给饮食不慎的人以相当的不安啊！

水，什么水？是雪水。我曾听到胡子科学先生得意扬扬地说过山巅的积雪里寻不见我。我当然不到那寂寞荒凉的高峰去过活，但将化未化的美雪，仍然是我冬眠的好地方。

雪花飞舞的时候，碰见了不少的灰尘，我又早已伏在灰尘身上了。瑞典的京城，地处寒带而多山，日常饮用的水，都取自高出海面 160 米的一个大湖。平时湖水还干净，阳春一发，雪块融化，拖泥带土而下，卫生局派员来验，说一声"不好了！"我想，这又是因为我的活动吧！

水，什么水？是浅水，是山泽、池沼及一切低地的蓄水。最深不到 5 尺②，又那么静寂，不大流动。我偶尔随着垃圾堆进去，但那儿我是不大高兴久住的。那儿是蚊大爷的娘家，却未必是我的安乐窝。

尤其是在大夏天，太阳的烈焰照耀得我全身发昏。我最怕的是那太阳中的"紫外光"③，残酷的杀菌者。深不到 5 尺的死水，真是使我叫苦，没处躲身了。5 尺以外的深水才可以暂避它的光芒。最好上面还挡着一层污物，挡住那阳光！

①阿比西尼亚：埃塞俄比亚的旧称。
②尺：长度单位，1 尺合三分之一米。
③紫外光：紫外线的旧称，波长比可见光短的电磁波，有杀菌能力。

我又不喜那带点酸味的山泽的水，从瀑布冲来了山林间的腐木烂叶，浸成了木酸、叶酸，太含有刺激性了。

如果这些浅水里含有水鸟鱼鳖的腥气、人粪兽污的臭味，那又是我所欢迎的了。

水，什么水？是江河的水。江河的水满载着我的粮船，也满载着我的家眷。印度的恒河就是一条著名的"霍乱"河；法国的罗尼河也曾是一条著名的"伤寒"河；德国的易北河又是一条有历史的"霍乱"河；美国的伊利诺河又是一条过去的"伤寒"河。"霍乱"和"伤寒"，还有"痢疾"，是世界驰名的水疫，是由我的部下和人类暗斗而发生。这期间，自有一段恶因果，这里且按下不表。

中国的江河自然也不示弱。大的不说，单说上海那一条乌七八糟的苏州河，年年春天、夏天的时候，我天天率着眷属在那河水里洗澡，你们自己没有觉察罢了。

有人说：江河的水能自清。这是诅咒我的话意。不是骂我早点饿死，就是讥笑我要在河里自杀。我不自尽，江河的水怎么会清呢？

然而，在那样肥美的河肠江心里游来游去，好不快活，我又怎肯无端自杀，更何至于白白地饿死。

然而，毕竟河水是自清了。美国芝加哥大学有一位白发苍苍的老教授，曾在那高高的讲台上说过：当他在三十许壮年的时候，初从巴黎游学回来，对我极感兴趣，曾沿着伊利诺河的河边，检查我菌儿的行动。他在上游看见我是那样的神气，是那样的热闹，几乎每一滴河水里都围着一大群。到了下游，就渐渐地稀少了。到了欧地奥的桥边，我更没有精神了。他当时心下细思量，这真奇怪，这河里的微生物是怎样衰落的呢？难道河水自己能杀菌吗？

河水于我，本有恩无仇。无奈河水里常常伏着两种坏东西，在

威胁我的生存。它们也是微生物。我看它们是微生物界的捣乱分子，专门和我做对头。

一种比我大些儿，它们是动物界里的小弟弟。科学先生叫它们"原虫"，恭维它们做虫的"原始宗亲"。我看它们倒是污水烂泥里的流氓强盗。最讨厌的是那鞭毛体的原虫。它的鞭毛，比我的更粗更大，也活动得厉害，只要那么一卷，便把我一口吞吃而消化了。

它的家庭建筑在我的坟墓上，我恨不恨！

一种只有我身体的几千分之一，可以很自由地钻进我身子里，去胀破我那已经很紧的细胞，因此科学先生就唤它作"噬菌体"。你看它的名字就明白是和我作对的。它真是小鬼中的小鬼！

水，什么水？是湖水。静静的，平平的，明净如镜，树影蹲在那儿，白天为太阳哥拂尘，晚上给月姐儿洗面，没有船儿去搅它，没有风儿去动它，绝不起波纹。在这当儿，我也知道湖上没有什么好买卖，也就悄悄地沉到湖底归隐去了。

这时候，科学先生在湖面寻不着我，在湖心也寻不出我，于是他又夸奖那停着不动的湖水有自清的能力呀。

可是，游人一至，游船一开，在酣歌醉舞中，瓜皮与果壳乱抛，在载言载笑间，鼻涕和痰花四溅，那湖水的情形又不同了。

水，什么水？是泉水，是自流井的水，是地心喷出来的水。那水才是清。那儿我是不易走近的。那儿有无数的石子、沙砾绊住我的鞭毛，牵着我的荚膜不放行。这一条是水国里最难通行的险路，有时我还冒着险前冲，但都半途落荒了。

水，什么水？是海水。这是又咸又苦著名的盐水。咸鱼、咸肉、咸蛋、咸菜，凡是咸过了七分的东西，我就有些不肯吃，最适合我胃口的咸度，莫如血、泪、汗、尿，那些人身上的水流的咸度，如今这海水是纯盐的苦水，我又怎么愿意喝？

不过，海底还是我的第一故乡，那儿有我的亲戚故旧，我曾受着海水几千万年的浸润。现在虽飘游四方，偶尔回到老家，对于故乡的风味，虽然咸了些，也有些流连，不忍即去吧。

我在水里有时会发光。所以在海上行船的人，在黑夜里，不时望见那一望无际的海面，放出一闪一闪的磷光，那里面也夹着一星一星我的微光。

我自从别了雨水以来，一路上弯弯曲曲，看见了不少的风光人物：不忍看那残花落叶在水中荡漾，又好笑那一群野鸭在鼓掌大唱；不忍听那灾民的叫爹叫娘，又叹息那诗人的投江！

　　　　五月的东风，

　　　　吹来一片乌云，

　　　　遮满太平洋的天空。

　　　　我到了大海，

　　　　观着江口河口的汹涌澎湃。

　　　　涌起了中国的怒潮！

　　　　冲倒了对岸的狂流！

　　　　击破了那翻天的白浪！

　　　　洗清了人类的大恨！

　　　　……

看到这里，我想，那些大人们争权夺利的大厮杀，和我这微生物小子有什么相干呢？

生 计 问 题

游完了水国，我躺在海洋上，听那波涛的荡漾。仰看白云在飘游，我羡慕着它们的自由。

在海天一色的包围中，海风吹起浪花溅，浪花呵！它无力送我上云霄。那海水又太咸了，不中吃。我真觉着有些苦闷了。

我只得期待着鱼儿，它会鼓着鳃儿来吞我。鱼儿要被渔夫捕，我伏在鱼腹里，就有再到岸上的机缘了。到了岸上，我的生活就不致发生恐慌了。

我打算在厨子先生洗鱼肚的时候，一溜就溜到垃圾桶里去。在垃圾桶里，我跟生物社会的接触一多，谋食更不难了。

如果不幸溜不过去，那就只有混在生鱼粥里进到广东人口中的希望了。总之，我先在那半生半熟的鱼身里偷活，再到那半臭半腥的人肚里寄生罢了。然而，我终于又厌倦了胃肠里的沉闷的生活，痛快地随着大便而出来了。

经过曲曲折折的途径，不久，我和我的家人亲友又都回到土壤的老家团聚。

这里我得补叙一下，在未到岸上之前，那海鱼肚子里的环境，于我有时是不利的，它的消化力太强了。

于是，我又曾趁着潮水的高涨，回到河肠江心，去央求淡水的鱼，顺便又疏通了螃蟹、虾、蛤、蚌、螺之类人类所爱吃的水中生物，请它们帮助提拔。它们也都答应了。当中，蚝似乎和我最有交情。它在污水里每小时一收一放的水量，竟有 2 升之多。我也就混在那污水里进去，它的螺壳就成为我临时的住宅了。

据说，岸上有很多人因吃了没有煮熟的蚝，都得了伤寒病啦。那科学先生就又怪我了，说什么蚝之类的生物还是我暗杀人类的秘密机关呢。这我以后当然要申辩的，这里不便多噜苏①了。

且说，我既从水国回到了土乡，天天又望见那时放异彩的浮云，好不逍遥自在，我渴望着和它交游。但那时地上仍是很湿，连我身上的鞭毛，都被泥水所粘，鼓舞不起来，更何能高飞远飏呢？虽有时攀着苍蝇的毛腿出游，那它又是低着头飞，至多也飞不上半里路，就停下来一脚把我踢落在地上了。虽然在地上我是不愁衣食的。

然而我对于天空的幻想，又使我希望秋之来临了。那时天高气爽，尤其是在中国的北平②，和美国中部第一大城密执安③湖畔的芝加哥，这两个著名的"灰尘的都市"，一到了秋冬，就刮大风，将沙尘卷入天空，那时我就骑在沙尘身上而高翔了。风力益健，我竟直飘上青天 4 000 米以上，那固然是罕有的事，我也真可以傲飞鸟而笑白云了。

记得 19 世纪初期，英国的年轻诗人雪莱，曾唱着"西风之歌"，他愿意做一瓣浪花，一片落叶，一朵白云，躺在西风里任它飘荡去，把他一切的思想、情感、希望都寄托着西风散播了。我想，我这一次得上青天驾白云，也该感谢风爷的神力啊。

我正在这样想，忽然记起了一件伤心惨目的往事。那就是世界各地的旱灾。

旱灾一来，全生物界都起了恐慌。那时大地涨红了脸，甚至于

①噜苏：说话烦琐，啰唆之意，多用于吴地方言。
②北平：北京市的旧称。
③密执安：密歇根的旧译名。

破裂，生物焦的焦死，饿的饿死，看不见点绿滴青，看见的尽是枯干瘦木，那原因半由于暴日的肆虐，半由于风爷的发狂。

那风爷也太发狂了，云和雨都被它吹散了，在大旱期间，连西风也不怀好意了。

前几年，我也曾亲见过中国西北那延绵三四年的旱灾，那时狂风忽然吹起漫天的尘沙，天地发昏，在烈日和饥渴的煎迫之下，成千成万的人死了。

有的人还以为地面上堆着这许多的尸体腐物，是我口福的大造化，我可以乘风四游，到处得食了。哪里知道当这大旱临头，我也万分焦急，我虽有坚实的芽孢，可以在空气中苟延性命，也经不起热与干长期的压迫。地上的干粮虽然堆积如山，没有一些儿水汽的浸润，我是吃不动的呀。君不见大沙漠中，哪有我的影踪？

我爱的是湿风，我怕的是热风。

我的小身子又是那样轻飘，我那一粒单细胞还不及一千兆分之一克重。我既上升，就不易下降，终日飘飘在天空。只有雨雪霜露方能使我再落尘间。罢了，罢了，在大旱天我是受着风爷的欺骗了。

我凄凉地度过了冰雪的冬天，到了春风和畅的季节，下界雨量充足，草木茂盛，虫鸟交鸣，生物都欣欣然有喜色。那时，我早已暗恨着天空的贫乏，白云的无聊，思念着地上的丰饶。于是那善变的风爷又改换了方向来招我下凡了。

我别了白云，下了高山，随着风爷到农村。农村遍地花红叶绿，我逢花采花，逢叶摘叶，凡是吃得动的植物，无所不吃。这也是因为植物间的气候，植物的体温，和当时空气的温度相去不远，我又新从天空来的，当然先以它们的身上为合宜的寄食之所了。

我尤喜那似胶似漆富有黏液的果皮、瓜皮，那潮湿而有皱痕的菜叶、菜管，它们都是我的天然宿舍旅馆。我的家人亲朋成亿成兆地在这儿过活。

据美国农业部化学局最近的调查，他们代我估计一下，在那含有铁质最高的蒲菜身上，每1克重的分量里面，就有我"菌口"25万在迅速地生殖着。这不是一个很惊人的数目么！

我随着风爷而飘游，走遍了五大洲，世界的农村都到过了。小的植物不用说，那我是都光顾到了的。就是抵抗力强盛的大松大柏，它们的风味，我也都一一领略过了。算得出的，在有花植物之部，我曾吃过了66科，150目。在隐花植物之部，就记不清了。

不过，植物之遭我暗算，人类是从来不知道的，以为是它们自己内部的溃烂，或专去骂昆虫那些小妖物的恶作剧。

谁知道，有一回，我在法国南部的田园里大啖葡萄的时候，又被那位多疑的胡子科学先生发觉了。从此他的徒弟徒侄们就加紧地研究我和植物种种不正常的关系，宣布了我的罪状。于是农民们就痛恨我，说我太不讲情理了，破坏他们的农作物，用药用火，千方百计歼灭我。这真是冤枉。我也是为着生计问题所迫而来呀！吃的都是大自然所分赠的食物呀！它们又没有注定给人类，这生物的特殊阶级，单独享用呀！

我在生物界中要算是最不安定的分子了。四方飘游，到处奔流，无非为着自由而努力，为着生活而奋斗。浮大海，吃不惯海水的咸味；居人肚，闷不过小肠的束缚；返土壤，受不住地方的限制；飘上天空，又嫌那天空太空虚了。历尽水旱的苦辛，结识了鱼儿和风爷，最后到了农村，那儿食粮充足，行动比较自由，我自认为是乐土了。讵料那自私的人类，忽来从中作梗，从此我将永远不得安宁了，唉！

呼吸道的探险

我在乡村的田园上，仍然过着颠沛流离的生活，处处靠着灰尘的提携。

那灰尘真像是我的航空母舰，上面载着不少的游伴。

这些游伴的成分也太复杂了。矿物、植物、动物三大界都有，连我菌物也在内，一共是四色了。

矿物之界，有煤烟的炭灰，有火山的破片，有海浪的盐花，有陨星的碎粒，还有各式矿石的散沙，都随着大风而远飏。

植物之界，有花蕊、花球的纷飞；有棉絮、柳丝的飘舞；有种子、芽孢、苔藓、淀粉、麦片以及各式各样的植物细胞的乱奔狂突。

动物之界，有皮屑、毛发、鸟羽、蝉翼、虫卵、蛹壳以及动物身上一切破碎零星的组织的东颠西扑。

菌物之界，有一丝一丝的霉菌，有圆胖圆胖的酵母，在空中荡来荡去。最后就是我菌儿这一群了。

这是灰尘的大观。这之间以我族最为活跃。我在灰尘中，算是身子最轻的，所以我活动的范围也最广了。

这些风尘仆仆中的杂色分子，又像是一群流浪儿，一群迷途的羔羊呵。我紧牵着这一群流浪儿的手，在天空中奔逐，到处横冲直撞，不顾一切利害。

记得有一回，还是在洪荒时代吧，我正在黑夜的森林中飞游，忽然碰了一个响壁，原来是蝙蝠的鼻子。我在暗中摸索，堕进了它鼻孔的深渊，觉得很柔滑、很温暖。但不久，被它强有力的呼吸一喷，就打了几个筋斗出来了。

后来，我冲进它的鼻孔里去的机会愈来愈多了。然而，它这一类动物，呼吸道的抵抗力颇强，颇不容易攻陷，它的"扁桃腺"①也发育得不大完全。

"扁桃腺"这东西是"淋巴组织"的结合，淋巴腺②之一大种。在腭部有腭扁桃腺，在咽喉间有咽扁桃腺，在小脑上有小脑扁桃腺。如此之类的扁桃腺，自我闯入动物体内之后，都曾一一碰到了。

动物体内之"淋巴组织"是含有抵抗作用的。淋巴细胞也就是抗敌的细胞，是白血球③之一种。所以淋巴这草黄色的流液，实富有排除外物的力量呀，我往往为它所驱逐而逃亡。

那么，扁桃腺就是淋巴组织最高的建筑物，就是动物身内抗菌的大堡垒了。当我初从鼻孔或口腔进到舌上喉间的时候，真是望之而生畏。

后来走熟了这两条路，看出了扁桃腺的破绽与弱点。原来它的里外虽有很多抗敌的细胞把守，但它的四周空隙深凹之处可真不少，那里的空气甚不流通，来来往往的食货污物又好在此地集中，留下不少的渣滓，反而成为我藏身避难的好所在了。

我就在这儿养精蓄锐，到了有机可乘时，一战而占领了扁桃腺，作为攻身的根据地了。于是那动物就发生了扁桃腺炎了。

这在人类就非常着急！认为扁桃腺在人身上有反动的阴谋，和盲肠是一流的下贱东西，无用而有害，非早点割弃它不可。

其实人身上的扁桃腺及其他淋巴腺愈发达，尤其是呼吸道的淋

①扁桃腺：扁桃体的旧称。
②淋巴腺：又称淋巴结，能产生淋巴细胞并有过滤的作用，阻止和消灭侵入人体内的有害微生物。
③白血球：白细胞的旧称，血细胞的一种，作用是吞噬病菌、中和病菌分泌的毒素等。

巴腺愈发达，愈足以表现出人菌战争之烈。

人若得胜，淋巴腺则是防菌的堡垒；我若得胜，这堡垒则变成我的势力区了。

淋巴腺，在动物的进化过程中，还是比较新的东西。这是由于我的长期侵略，它们的积极抵抗，相持既久，它们体内就突然发生了这种防身的组织。

我生平对于冷血动物，素以冷眼看待，不似对于热血动物那般热情，所以我在它们体内游历的时候，也没有见过有什么淋巴腺、扁桃腺之类的组织，这是因为我很少侵略它们的内部器官，我不过常拿它们的躯壳当作过渡时期的驻屯所罢了。有时还利用它们为我投奔高等动物身内的天梯或桥梁哩。这之间，就以昆虫之类最肯帮我的忙，尤以苍蝇、蚊子、臭虫、跳蚤、身虱、八角虱之流，这些人类所深恶的东西，更喜欢和我密切地合作，这是后话。不过，我如想从鼻孔进攻人兽之身，那还须靠灰尘的牵引。

我曾经游遍了普天下动物的身体，只见到鸟类和哺乳类才有淋巴腺、扁桃腺之类的抗敌组织，而以哺乳类的淋巴腺最为发达。到了人，这淋巴腺的交通网更繁密了。人原是可以得很多病的动物呵。淋巴腺在进化途中实是传染病的一种纪念碑呵。

高空的飞鸟绝不会得肺痨病，它们常吸新鲜的空气，它们的呼吸道里我是不大容易驻足的，因此这条道上的淋巴腺也没有它们消化道的肠膜下的淋巴腺那样多。

肺痨病虽有鸟、牛、人之分，而关系鸟的部分受害者也只限于鸡鸭之群，人类篱下的囚徒罢了。于是它们呼吸道里的淋巴腺，是比飞鸟的增加了。

至于蝙蝠这夜游的动物，好在檐下或树林间盘旋飞舞，我自从那一回碰到了它的鼻子之后，就渐渐地熟悉它的呼吸道上的情形。我见它当初也没有什么扁桃腺，后来为了对付我而新添了这件隆起的东西。

由此可见，我和动物的呼吸道发生了关系之后，扁桃腺及其他淋巴腺所处地位就变得崇高而重要了。所以，我在这一章的自传里，特地先记述它们。它们的发生是由于我的刺激，我的行动又以它们为路碑，我和它们的关系是多么密切呵。

我冲进鸟兽和人的鼻孔的机会固然很多，虽然这也要看灰尘的多寡，鸟兽之群及人口的密度如何。

高阔的天空不如山林的草原，农村的广场不如都市的大街，公园不如戏院，贵人的公馆不如十几个人窝在一间的黑暗的棚户。总之，人烟愈稠密，人群愈拥挤，我从空中到鼻子，从鼻子又到别的鼻子的机会也愈多了。

我在乡村的田园上飞游之时，生活过于空虚，颇为失意。于是，就趁着乡下人挑担上城的时候，我就附着他的身上，到这浮尘的都市观光来了。

在都市的热闹场所，我的生意极其兴隆。这儿不但有灰尘代我宣扬，还有痰花口沫的飞溅而助我传播了。

从此呼吸道上总少不了我的影子。这条入肺的孔道，我是走得烂熟了。它的门户又是永远开放的。

虽然，婴儿初离母胎的当儿，他的鼻孔和口腔以内，是绝对没有我的踪迹，但经过了数小时之后，我就从空气中一批一批地移民来此垦殖了。

我的移民政策是以呼吸道的形势与生理上的情形来决定的。要看那块地方，气候的寒暖如何，湿度如何，黏膜上有无隙缝深凹之处，氧气的供给是否太多，组织和分泌汁的反应是酸是碱抑或是中间性，细胞胞衣上的纤毛，它们的活动力是否太强烈了。须等到这些条件都适合于我的生活需要了，然后这曲折蜿蜒海岸线似的呼吸道，才有我立身插足之地呵！

此外，还有临时发生的事件，也足以助长我的势力。如食货和外物的停积，是加厚了我的食粮；如黏膜受伤而破裂，是便利了我的进攻；更有那不幸的矿工，整天呼吸着矽①灰，他的肺瓣硬化了，变成了矽肺，这矽肺是我所最喜盘踞的地方。我家里那个最不怕干的孩子，人们叫它作"痨病菌"的，便是常在这矽肺上生长繁殖，于是科学先生就说，矽肺乃是肺痨病的一种前因。这是因为矿工受了工作环境的压迫，没有得到卫生的保障，人必先糟蹋了自己的身体，而后我才有机可乘，这不能专怪我的无情吧。

在十分柔滑而又崎岖不平的呼吸道上，我的行进有时是如许的顺利，而有时又甚艰险。因此，我这一群里，有的看呼吸道如"天府之国"，有久居之意；有的又把它当作牢狱似的，一进去就巴不得快快地出来；又有的则认为是临时的旅舍，可以来去无定。这样，终主人的一生，他的呼吸道上，我的形影是从不会离开的。

这呼吸道又很像一条自由港，灰尘的船只可以随意抛锚。就我历次经验所知，这条曲曲折折的自由港又可分为里中外三大湾。

里湾以肺为界岸，出去就是支气管，而气管，而喉。中湾介于口腔与鼻洞之间，是呼吸道和食道的三岔路口，是入肺入胃必经的要隘，隆肿的扁桃腺就在这里出现，这一湾的地名就叫作"口咽"。"口咽"之上为"鼻咽"，那是外湾的起点了。"鼻咽"之前就是迂曲的鼻洞，分为两道直通于外。

---

①矽：硅的旧称，一种非金属元素。

迂曲的鼻洞，我是不大容易居留的，那里时有大风出入，鼻息如雷，有时鼻涕像瀑布一般滚滚而流，冲我出来了。所以在平时，鼻洞里的我大都是新从空气游来的，而且数目也较为不多。我本是风尘的游客，哪配久恋鼻乡呢？何况前面还有森严的鼻毛，挡住我的去路啊！

可是，鼻洞里的气候时时在转变着，寒暖无常，有时会使鼻禁松弛了，我也就不妨冒险一冲，到了鼻咽里来了。

在鼻咽里，我较易于活动，因而能迅速地繁殖着。但，我的繁荣，终究是受了当地食粮的限制，于是我不得不学侵略者的手段了。我这也是为着生计所迫，而不能不和鼻咽以内的细胞组织斗争呵！

所以，到了鼻咽以后，我的性格就不似从前在空中时那样浪漫与无聊，真变得泼辣勇猛多了。

由鼻咽到口咽，一路上准备着厮杀，准备着进攻。我望见那红光满目的扁桃腺，又瞥见那一开一合的大口，送进一闪一闪的光明，光明带来了许多新鲜的空气。我在这歧路上徘徊观望，逡巡不敢前进。久而久之，习惯使我胆壮，我就在口咽的上下，扁桃腺的四周埋伏，等候着乘机起事。所以在人身上，我的菌众与种类，除了盲肠的左右而外，要算以咽喉之间为最多了。

我在呼吸道上进攻的目的地，当然是肺。

　　　那儿有吃不尽的血粮，

　　　那儿有最广阔的地场，

　　　肺尖又脆肺瓣又弱，

　　　我可以长期地繁殖着，

　　　但我在未达到肺腑前，

要尝尽千辛万苦；

一越过了软骨的音带，

突然就遇着诸种危害：

四周的细胞会鼓起纤毛来扫荡我，

两旁的黏膜会流出黏液来牵绊我，

喷嚏、咳嗽、说话与呼吸又来驱逐我，

沿途的淋巴腺满布着白血球突来捕捉我。

我真是无可奈何了。所以在天气好的日子，从咽喉到肺这一条深港是平静无事的，我就偶尔跌进里头去，也没敢多流连呀！

一旦云天变色，气候骤寒，呼吸道上忽然遇着冷风的袭击，我一得了情报，马上就在扁桃腺前，召集所有预伏的菌兵菌将，会师出发，向着肺门进攻。

当那时，全咽喉都震撼了。

肺港之役

肺港之役是我的优胜纪录，是我生平最值得纪念的一件轰轰烈烈的大事，是我进攻呼吸道的大胜利。在这胜利的过程中，我几乎征服了全人类，全生物界为之震惊。

虽然，在这之前我还有许多其他伟大的战绩，但都因布置不周，我作战的秘密一一都为科学先生所揭穿了。如 14 世纪横行欧洲的大鼠疫，就是我利用了家鼠与跳蚤攻击人皮肤的大胜；如扫荡全世界六次的大水疫，就是我勾结苍蝇与粪水攻击人肚肠的大胜。谁知道自 19 世纪末期以来，科学先生发明了抵抗我军的战略，从此卫生先进的国家都很严密地防范我，我哪里再敢从这两条战线上大规模地进攻人类呢？鼠疫和水疫打得人类如落花流水，也是我两番光荣的胜利呵，在以后还要详细地追述，这里不过提一提罢了。

至于肺港之役，是我出奇兵以制胜人类，使聪明的人类摸不着防御我的法门而甘拜下风的呀。

自那位胡子科学先生提出了抗菌的口号以来，他的徒子徒孙等相继而起，用着种种奸巧的计策，在各种传染病的病人身上逮捕我。公元 1874 年，我的一个淘气的孩子，在麻风病人的身上细嚼他的烂皮肉的时候，突然被一位科学先生捕捉了去，此后 25 年之间，欧洲各处实验室里高燃着无情之火，正是捕菌运动最紧张的时期，我的家人亲友被囚入玻璃小塔里的真是不计其数。他们（指实验室里的工作人员）用严刑来拷问我，种种异术来威胁我，灌我以药汤，浸我以酸汁，染我以色料，蒸我以热气，无非要迫我现出原形于显微镜之下。

更有所谓传染病的三原则，这是一位著名的德国医生所提出的，他们都拿来作为判断我是否犯罪的标准。假如，据他们实验观察的结果，我和某种传染病的关系符合下面所举的三原则，就判定我的罪状，加我以某种传染病的罪名。我菌儿这一群，平时大家都在一起共同生活，有血大家喝，有肉大家吃，不分彼此，不立门户，也不必标新立异地各起名称，大家都是菌儿，都叫作菌儿罢了。这是这一篇自传里我的一贯的主张。而今不幸，多事的科学先生却偏要强将我这一群分门别类，加上许多怪名称，呼唤起来，反而使我觉着怪麻烦的。何况，像我这样多样而又善变的生活方式，若都一一追究出来，我的种类又岂止几千种。这便在命名上不免发生纠纷，成为问题了。

闲话少讲。先谈谈这传染病的三原则吧。

我常听科学先生说，每一种特殊的传染病，一定都有一种特殊的病菌在作祟，所以他们要认清病菌，寻出正凶，而后才可以下手防御，发出总攻击令。不然，打倒的若不是凶手，凶手仍在放毒杀人，病仍是不会好的呵。他们似乎又在讲正义了，并不盲目地加害于我的全体。

那么，传染病的凶手是怎样判定的呢？这要看他们如何检查我那个特殊的淘气孩子的行动了。

他们的第一条原则是：要在每一个得了这特殊的传染病的病者身上，捉到我这行凶的孩子，而且它就捕的地点也应该就是行凶的地点。这就是说，若在其他不相干的地方抓到它，而真正的伤口上反而不能寻获，那证据就有些靠不住了。我这一群里，来来往往于人身的"过客"很多很多，自然不可以随意指出一个说它是凶手。要在出事的地点常常发现的才是嫌疑犯。

第二条原则是：这凶手要活生生地捉到，并且把它关在玻璃小塔里面，还能养活它，并且还会一代一代地传种传下去，别的菌种都不许混进来，以免有所假冒，以免鱼目混珠，要永远保持那凶手的单独性。若凶手早已死去，或因绝食而自毙，则它的犯罪的情形将何从拷讯？它的真相将何以剖明？

假定凶手是活擒到了，它也能在外界继续生长，独囚一室，不和异种相混，然而也不能就此判定它是这病的主犯，有时也许是抓错了，也许它不过是帮凶而已，而正凶反而逃脱。怎么办呢？那就要用第三条原则来决定了。

第三条原则就是动物实验。拿弱小的动物作为牺牲品，把有嫌疑的菌犯注射进这些小动物的体内去,如果它们也发生同样的病状,那就是这特殊传染病的正凶之铁证,不能再狡赖了。

我在旁听了之后,不禁叹服这位科学先生的神明,他能这样精巧地定计破贼,真是科学公堂上的包拯啊!然而,这使我为那一批专和人类作对的蛮孩子担心了。

科学先生的狡计虽然是厉害,我攻人的计划几乎一一为他们所破坏了。但是,强中还有强中手,我家里有三个小英雄,就不为他们的严刑所恫吓,就不受这传染病的三原则所审理。肺港之役,我连战皆捷,就是这三位小英雄安排好的巧计,真是难倒了科学先生,他们至今还没有法子可以破除。

这三位我的小英雄,科学先生已给它们定了传染病的罪名。

第一名,他们说它是猩红热的正凶,叫它作溶血链球菌。

第二名,他们说它是肺炎的主犯,称它作肺炎双球菌。

第三名,他们说它是流行性感冒的祸首,唤它作流行性感冒杆菌。

这些命名当然是他们根据传染病的三原则而建议的。然而,我的这三个孩子的行动并不是这么单纯。它们犯案累累,性质又未必皆相同。如第一名,不仅使人发生猩红热,什么扁桃腺炎、丹毒、产褥热、蜂窝组织炎之类的疾病,也都是由它而起。我这里所谈的肺港事件,就与它有密切的关系……总之,这三位小英雄在侵略人体时,都是随机应变,他们的活动是多方面的。可见这些科学的命名也免不了有些附会牵强了。我们切不可认真,认真了就有以名害实的危险呵。在我的自传里,提起孩子的名称这还是第一遭,所以特地声明一下。

我这三位小英雄,都是最爱吃血的微生物。为了吃血,它们奋不顾身地往肺港里冲。它们又恐怕遭敌人的暗算,所以常是前呼后

拥地结成联合阵线，胜则同进，败则同退，不但白血球应接不暇，就是科学先生前来缉凶的时候也迷惑了，弄不清楚哪一个是真正的凶手呀。

当我在扁桃腺前会师出发，往着肺门进攻的时候，一路上遇到不少的挫折，我的其他孩子们都在半途战死，独有这三位小英雄，在这肺港里横冲直撞，所向无敌。

肺港是一个曲折的深渊，前半段，从咽喉的门户到肺叶的边界，是呼吸道的里湾，肺叶以内分为无数肺泡，这些肺泡便是呼吸道的终点。

我进入肺港之后，若不遇到阻挡，就一直往下滚，滚过了支气管，然后是小支气管，再后是最小支气管。它们像树枝一般渐渐地小下去，渐渐地展开，我也顺着那树枝的形状快快地蔓延起来。一进了肺叶，那管口愈分愈细了。穿过了一段甬道似的肺泡小管，便是空气洞，再进则为空气房，合空气洞与空气房便是一个肺泡。新旧的空气就在这儿交换。所以我在途中前后都有大风，冷风推我前进，热风迫我后退。

在肺泡的壁上，满布着血川的支流。心房如大海，血管似江河，血川就算是微血管的化名了。在这儿，我看见污血和新血的交流，我看见血球在跳跃，血水在汹涌澎湃，我细胞的饿火燃烧起来了。

全肺所有肺泡胀得满满的时候，表面积约有 90 平方米，这比全身皮肤的面积还大了 100 倍。因此在这儿，血川的流域甚广甚长，况且肺泡的墙壁又是那么薄弱，那壁上细胞的纤毛在这儿又都已不见了。到了这里，血川是极容易攻陷的，我的吃血是便当的事了。

为了吃血的便当，我这三个爱吃血的孩子就常常深入肺泡，强占肺房，放毒纵兵，轰炸细胞，冲破血管，与白血球恶战，与抗毒体肉搏,闹得人肺发硬作病流血出脓,而演变成人身的三大病变——伤风、流行性感冒、支气管肺炎——一次比一次紧张,一回较一回危急。

伤风是我的小胜,流行性感冒是我的大胜,支气管肺炎是我的全胜。

在人生的旅途中,谁个没得过几次或轻或重的伤风呢?在流行性感冒大流行的时期,三人行必有一人被传染,尤其是在1918至1919年那一次,全世界都发生了流行性感冒的恐慌,我的声势之大真是亘古所未有,几个月之间,人类之被害者,比欧战4年死亡的总数还要多。至于支气管肺炎,那更是人人所难逃免的病劫。人到临终的前夕,他的肺都异常虚弱,我的菌众竞来争食,因而他的最后一次的呼吸,往往是被支气管肺炎所割断了。这可见我在肺港之役的胜利,是一个伟大而普遍的胜利。人类是无可奈何了。

伤风是人类司空见惯的病了,多不以为意。流行性感冒,你们中国人有时叫它作重伤风。那支气管肺炎也就可以说是伤风达到最严重的阶段了。他们都只怪风爷的不好,空气的腐败,却哪里知道有我,有我这三个在肺港里称霸的孩子在侵害。

我这三个孩子当中,尤以那被称为流行性感冒杆菌的最为英勇。它在肺港之役是我的开路先锋。它先冲进肺泡里,到了血川之旁去散毒。它并不直接杀人,也不到血液里去游泳,而它的毒素不尽地流到血液里,会使人身的抵抗力减弱。它却留着刽子手的勾当,给我那后来的两个孩子做。

于是,在伤风病人的鼻咽里,科学先生最常发现它;在流行性感冒病人的痰里,仍常寻见它;在支气管炎病人的血脓里,则寻见的不是它,只剩下我那两个孩子——肺炎双球菌和溶血链球菌了。

所以，伤风不会杀人，流行性感冒也不会杀人，然而它们却往往造成了杀人的局势，而把死刑的执行交给支气管肺炎了。

　　科学先生当初以为我那孩子是流行性感冒唯一的凶手，因此加它以这样一个沉重的罪名。后来因为它的罪证并不完全，在传染病的三原则上很难通过，就减轻了它的罪，判它为流行性感冒的第二凶手，而把第一凶手的嫌疑，疑心到是我几千分之一大小的微生物，所谓"超显微镜的生物"（即滤过性病毒）之类的身上了。

　　科学先生感到这肺港里的三大病变的复杂性了。这使他们的疫苗防御不中用，血清抵抗不见效，预防乏术，治疗亦无法。科学先生也无可奈何了。

　　自从科学之军崛起，我在其他方面进攻人类都节节败退，独有肺港之役，我获得最大的胜利。这是我那三个小英雄之功。

　　将来的发展如何，我不知道，但因为我在人身有极重大的经济利益，我始终要求人类承认我在肺港的特殊地位，承认我的侵略权。

　　肺港里还有其他的纠纷事件，如肺痨、百日咳、大叶肺炎、肺鼠疫，如此之类，以及要封锁港口的白喉，那都因为性质不大同，都不及在此备载了。

吃血的经验

　　从血川到血河，一路上冲锋陷阵，小细胞和大细胞肉搏，鞭毛和伪足交战，经过无数次的恶斗，终于是我得胜了，占领了血河，而人得败血症死了。

　　于是科学先生就板起面孔来，在实验室里，大骂我是穷凶极恶的暗杀党，谋害了宝贵的人命，他们一定要替人类复仇，发明新武器来歼灭我。

这不但于我的名声有损，而且连我在生物界的地位都动摇了。我在这一章里是要述明我的立场哩。

中国的古人不是说过嘛，"民以食为天"。我是生物界的公民之一，当然也以食为天，不能例外。

我的生活从来是很艰苦的。我曾在空中流浪过，水中浮沉过，曾冲过了崎岖不平的土壤，穿过了曲折蜿蜒的肚肠，也曾饿在沙漠上，也曾冻在冰雪上，也曾被无情之火烧，也曾被强烈之酸浸，在无数动植物身上借宿求食过，到了极度恐慌的时候，连铁、硫和碳之类的矿盐，也胡乱地拿来充饥。我虽屡受挫折，屡经忧患，仍是不断努力地求生，努力维护我种我族的生存，不屈服，不逗留，勇往直前。我无时无刻不在艰苦生活之中挣扎着。我的生活经验，可以算是比一般生物都丰富得多了。我这样四方奔走，上下飘舞，都是为着吃的问题没有解决呀！

我想，生物的吃，除了一般植物它们所吃的是淡而无味的无机盐而外，其他的如动物界中的各分子及植物界中之有特别的嗜好者，它们所吃的，就尽是别的生物的细胞。它们不但要吃死去的细胞，还要吃活着的细胞。

吃人家的细胞以养活自己的细胞，这可以说是生物界中的一种惯例吧。于是各生物间攘争掠夺互相残杀的事件，就层出不穷了。

我菌儿虽是最弱最小的生物，在生物界中似乎是居最末位的，但我对于吃的问题也不能放松！

我几乎是什么都吃的生物，最低贱的如阿米巴的胞浆，最高贵的如人类的血液，我都曾吃过。我虽是被列入植物界，但我所吃，所爱吃的，绝不像植物所吃的那样淡而没有内容。我的吃是复杂而兼普遍，我是最能适应环境的生物。

但是，我因感着外界的空虚、寂寞而荒凉，我的细胞时有焦干冻饿的恐慌，所以特别爱在动物身上盘桓，尤其是哺乳类的动物，人和兽之群。他们的体温常是那么暖和，他们又能供给我以现成的食料。我在他们的身上，过惯了比较舒适的生活，就老不想离开他们的圈子了。于是我的大部分菌众就在这圈子之内无限制地生长繁殖起来了。

人和兽之群，在我看去真是一座座活动的肉山啊！

我初到人、兽身上的时候，看见那肉山上森严地立着疏疏密密的森林似的毛发须眉，又看见散乱地堆着，重重叠叠的乱石似的皮屑。我就随便吃了这些皮屑过活，那时我的生活仍然是很清苦的。

后来我又发现肉山上有一个暗红的山洞，从那山洞进去，便是一个弯弯曲曲的无底深渊，那就是人、兽的肚肠。肚肠是我的天堂，那儿有来来往往的食货。我就常常混在里面大吃而特吃。但不幸我在洞里又遇到了一种又酸又辣的液汁，我受不住它的浸洗。所以除了我那些走熟这一条路的孩子们以外，我的大部分的菌众都不能冲过去。这天堂仍是一个特殊阶级的天堂呵！

有一回，人的皮肤忽像火山一般爆裂了，流出热腾腾、红殷殷的浓液。当时我很惊异这东西是从哪里来的呢？后来我在"肺港"里见惯了它，它的诱惑力激起了我的食欲和好奇心。我的细胞就往往情不自禁地跳进它的狂流之中去了。我尝了它的美味，从此我对于人、兽的身体就抱着很大的野心了。

我虽有吃活人活兽之血的野心，然而这并不是轻而易举的事，这也并不是我菌群中全体的欲望。这种侵略人、兽的大举有些像帝国主义者的行为，虽然那不过是我族中少数有势有力的少壮细胞所干的事，帝国主义者侵略弱小民族也并不是他们国内全体人民的公意呀。所以你们不要因为我的少数"菌阀"的蛮干，使人类不安，而加罪于我的全体，连我一切有功的事业也都抹杀了。

人类本来都茫然不知我在暗中的活动，我的黑幕都是被多疑的科学先生所揭穿的。他们老早就疑心到我和人、兽之血的恶关系了。于是他们就时常在人血、兽血中寻找我的踪迹。因为初生的婴孩，他的肠壁的黏膜还不十分完整与坚实，他们想我到了那里，一定是很容易通行的。又因为在猪、牛之类的肌肉和组织里，他们时常发现我。因此他们对于我是更加疑忌了。但是在健康之人的血液里，他们老寻不着我，罪证既不完全，他们就不能决定我会在活血里行凶呀。这是因为在平时血液的防卫很严密，我很不易攻入。我就是偶尔到了活血里面，不久也会被血液里的守军杀退。

血液是那样密密地被包在血管里，围在皮肤和黏膜之内，我要侵入血液中，必先攻陷皮肤和黏膜。所以在平时，皮肤的每一个角落，黏膜的每一处空隙，都满布着我的伏兵，我在那里静候着乘机起事哩。

皮肤和黏膜的面积虽甚广大，处处却都有重兵把守。皮肤是那样坚韧而油滑，没有伤口即不能随便穿过。眼睛的黏膜有眼泪时常在冲洗，眼泪有极强大的杀菌力量，就是把它稀释到四万分之一，我还不敢在那里停留。不这样，你们的眼睛将要天天发红起肿了。呼吸道的黏膜又有纤毛，会扫荡我出来。胃的黏膜，会流出那酸溜溜的胃汁，来溶化我。尿道和阴户的黏膜也有水流在冲洗，我也不能长久驻足。此外鼻涕、痰和口津之类也都会杀害我。真是除了汗、尿，和人们不大看见的脑脊髓液而外，人和兽之群乃至于一切动物，乃至于有些植物，它们的体内，哪一种流液，哪一种组织，不在严防我的侵略，不有抵抗我的力量呀！

至于血，当然了，那是高等动物所共有的最丰富的流体，它的自卫力量更是雄厚了。

血，据科学先生的报告，凡体重在 150 磅①左右的人都有 7 升的血，昼夜不息，循环不已地在奔流着，在荡漾着，在汹涌澎湃着。血，它是略带碱性的流体，我在血水里闻到了"蛋白质""糖类"和"脂肪"的气味了；我见过了钠的盐、钙的盐的结晶体了；我尝到了"内分泌"和氧的滋味了。

在血的狂流中，我又碰到了各式各样的血球，它们在跳跃着，在滚来滚去地流动着。

我最常遇到的是像车轮似的血球，带点儿青黄的颜色，它的直径只有 7.5 微米，它的体积只有 2.5 立方微米，它的胞内没有核心，它像一只一只的粮船，满载着蛋白质和脂肪，在我的身旁掠过。我一看见它那又肥又美的胞体，我的饿火就上冲了。我曾听科学先生说过，它的胞体里还有一种特殊的色料，叫作"血色素"②，那是最珍奇的一种食宝。我远远地就闻见了动物的腥味，那就是从这血色素里所放出来的气味吧。我的少壮细胞爱吃人、兽之血，目的也就在它的身上吧。

但我在血的狂流中又遇到了一群没有色素的血球。它们的胞体内却有核心。那核心的形状又有好些种。有的核心是蛮大的，几乎占满了血球的全身；有的核心是肾形的，有的核心的形状是凹凸不平的。它们这一群都是我的老对头，我在血中探险的时候，常受着

①磅：英美制质量或重量单位，1 磅合 0.453 6 千克。
②血色素：血红蛋白。

它们的包围与威胁，它们会伸出伪足来抓我。

我又看到了一种卵形无色的小细胞，它有凝结血液的力量，我常被它绑住了。有人说它是白血球的分解体，叫它作"血小板"。

还有一种一半是蛋白质，一半是脂肪的有色的细粒，科学先生叫它作"血尘"，大约它们就是死去的红血球[①]的后身吧。

此外，更奇怪的就是，我在血流中奔波的时候，我的细胞常中途而死，不知是中了谁的暗算，这我在后来才知道是所谓"抗体"之类的东西在和我作对呀。

血液是我所爱吃的，而血管的防卫是那么周密；红血球是我所爱吃的，而白血球的武力是那么可怕，每 600 粒红血球就有 1 粒白血球在巡逻着，保卫着它们！在这种情势之下，我有什么法子去抢它们来吃呢？我的经验指示我了：

第一要看天时。在天气转变的时候，人、兽的身体骤然遇冷，他们皮肤和呼吸道的黏膜都瑟瑟缩缩地发抖起来，微血管里的血液突然退却，在这时候我的行军是较顺利的。或是外界的空气很潮湿、很温暖，我虽未攻入人体的内部，也能到处繁殖，所以在热带的区域，在人、兽的皮肤上，常有疔疮、疖子之类的东西出现，那都是我驻兵的营地呀。

第二要看地利。皮肤一旦受了刀伤枪伤而破裂，我就从这伤口冲入。有时人的皮肤偶为小小的针尖所刺，不知不觉地过了数小时之后，忽然作痛起来，一条红线沿着那作痛的地方上升，接着全身就发烧了，这就是我的先锋队已从这刺破的小孔进攻，而节节得胜了呀。

然而在抵抗力强盛的身体里，这是不常有的事。在平时，我一

---

①红血球：红细胞的旧称，血细胞的一种，作用是把氧气输送到各组织，并把二氧化碳带到肺泡内。

冲进皮肤或黏膜以内，血液就如风起潮涌一般狂奔而来，涌来了无数的白血球，把我围剿了。这就是动物身体发炎的现象，发炎是它们的一种伟大的抵抗力量呵！

但是身体虚弱的人，他们的抵抗力是很薄弱的，发炎的力量不足以应付危机。于是我就迅速地在人身的组织里繁殖起来了，更利用了血管的交通，顺着血水的奔流，冲到人身别的部分去了。有时千回百转的小肠大肠，会因食物的阻塞，外力的压迫，而突然破裂，那时伏在肠腔里的我就趁势冲进腹膜里去，又由淋巴腺到淋巴管而辗转流到血的狂流中去。这是我由肠壁的黏膜而入于血的捷径。

我又有时在外物与腐体的掩护之下，攻入血中，我伏在外物或腐体里，白血球和其他的抗菌分子就不能直接和我作战了。例如在人类不知消毒的时代，产妇的死亡率很高，那就是因为我伏在产妇身上横行无忌的缘故。

第三要看我菌众的力量。我进攻人身的内部，必须利用菌众的力量。单靠着一粒一粒孤军无援的细胞作战，是不济事的。我必须用大队的兵马来进攻。例如人得伤寒之病，是因为他所吃的食物里，早就有我的菌众伏在那里繁殖了。

第四要看我的战术。我要攻入血管，有时须勾结蚊子、臭虫和身虱之类的吮血虫做我的先驱，做我的桥梁。

第五要看我的武器。我有时又使用毒素之类凶险的武器。那毒素是屠杀动物细胞最厉害无比的利器。我常伏在人、兽之身的一个小角落里施放这毒素。

总之不论用什么法子，从哪一个门户进攻，我的大队兵马一旦冲进了血管里面，占领了血河，在血的狂流中横冲直撞，战胜了白血球，压倒了抗体，解除了血液的武装，把一个一个红血球里的血色素吃光了，那个人的生命就不保了。

人死后，埋了拉倒，我可在那尸体里大餐大宴，那就是我的菌众庆功论赏的时候了。

不幸，殡仪馆的人近来得到了消毒的秘诀，常把尸体浸在杀菌的药水里。又不幸，有些地方的民俗常用火葬，把尸体全烧成灰，那真是我的晦气。我不料在完全侵占了人体之后，竟同趋于灭亡，我全军覆没了，这也许是人类的焦土政策吧！

乳峰的回顾

红润而滑腻的肠壁，充满了血腥和乳臭的气味，壁上的黏膜还不十分完整，黏膜里一排一排的上皮细胞还不十分紧连密接，从胃的下口不时流进了一滴滴雪白的乳汁。

这是一个新生婴儿的肠腔。在这样的一个新肠腔里，我是第一个小旅客。我也就是伏在那些乳汁里面混进来的呵。

这时候，肠腔里的情形很荒凉，寂寞的空气笼罩着我的四周，一点儿杂色的货物也没有了，就是流进来的乳汁，一忽儿也都自干了，剩下我，孤单地在肠道彷徨着。

虽然，我知道，不久就会热闹起来，不久将有更多的乳汁流进，含有各种不同性质的食物也会源源而来，那时我的远近亲友，微生物界里形形色色的分子，都会争先恐后地齐来垦殖这新开拓的处女地。

然而，在目前，这婴儿肠腔里的环境，是那么冷落空虚，孤独的心情压迫着我的核心，使我再也不能忍受下去了。曲折蜿蜒的肠子，又不停地在蠕动着，震荡得我几乎要晕倒在它的黏液中了。

在黏液中，我似梦非梦地在独自思念着，想起了无限缠绵悱恻的往事。

我想起了占领"人山"的经过。自从我那回攻入她的血管以后，我的生活就非常紧张，没有一刻不在战斗中过日子，而且还有与人同归于尽的危险。于是我不得不去另觅出路了。

我在"人山"上爬行，常望见她的胸前有两座圆而高耸的乳峰，遥遥相对着。我初以为它们是和熄灭了的火山一样，极其平静无事。我抱着好奇的心理到了那峰口去探望。

我就从这峰口进去，一进去便是一间萎缩了的空囊，曾贮藏过什么东西似的。再进就是自来水管似的圆洞，一共有 15 洞至 20 洞之多。愈入愈深，那圆洞也越分越细，最后到了一间最小的空房，便碰了壁，不能再前进了。

我沿途都望见有厚厚薄薄的"结缔组织"，包围着乳洞乳房的墙壁。在那壁上，我又看见有不少的脂肪在填积着。我想，那乳峰之所以会那样肿胖而隆起，大约就是这些"结缔组织"和脂肪在撑持着吧。可是，有的"人山"上的乳峰并不怎样高，有时竟萎缩到像平地上的一个小阜而已，那也就是因为脂肪太缺少，"结缔组织"又都已退化了吧。

陡然地，我又在那"结缔组织"里面，发现了神经的支末，发现了动脉和静脉的血管、微血管，以及淋巴管之类的东西在跳动着。我想，神经和血管都派有代表在这儿驻扎，那不久一定就会发生大变动呀。于是我就静伏在乳峰的四周，不时又爬到那峰口里去窥探，打听有什么消息。

许久，许久，一点儿动静也没有。那"人山"却一天比一天长大起来了，山地上涌出的油和汗也加多了，那两座乳峰总是那么沉寂。我失望了，就离开了这"人山"，又飘到了别的"人山"去视察了。

我这样地辗转流徙，到过了不少的"人山"，登上了不少的乳峰，最后我来到了一座丰满而肥大的"人山"，那山上的乳峰也格外高耸而膨胀，我觉得有些异样，忽然如地震一般，那"人山"动荡得非常厉害，又如雷响一般，哇的一声，什么东西坠地了。

我惊慌了，我疲乏了，我昏然地跌倒在那散满了油汗的"山地"上。过了几个时辰，我正懒洋洋地躺在那儿休息，忽然一盆温水似的东西，从上头浇下来，我的细胞浑身都湿透了。我往周围一看，望见像山巅积雪融化了似的，白茫茫的乳汁，从那峰口涌出，滚滚而下。

在那白茫茫的乳汁里，我遇见了不少的小乳球，不少的珍物奇货，都是脂肪、糖、蛋白质之类的好东西，都是我的顶上等的食品，我真喜出望外了。

脂肪之类，有"液脂""软脂""磷脂"等等，都非常可口。

糖之类，就有那著名的"乳糖"，我所爱吃的。

蛋白质之类，有干酪素、乳球蛋白、胆脂素、尿素、肌肉素等等，都是不可多得的。

此外，还有酵素，还有无机盐，还有其他零星的小东西，如药料、香料等等，数也数不清了。

有这样多、这样美的食品，装在一颗一颗的小乳球里，在白茫茫的乳汁中荡漾着，我可以大吃特吃了。

我吃过了乳球，觉得它比血球更好吃，而且乳汁里没有白血球在巡逻着，没有抗体在守卫着，虽也有一点杀菌的力量，可是薄弱得很，那我是不必怕的。况且乳汁又不像血液那样密密地包封在血管里面，它总是要公开地流露在外界的。好了，那我要吃乳球是便当的事了。

然而，真奇怪，这么多的乳球和乳汁是从哪里跑出来的呢？好奇的心理又引我重新爬进那峰口里去探视。

这时候，萎缩的孔囊已经高胀起来了。乳洞乳房里，都胀满了乳汁。"结缔组织"已经大大地减少了。乳房壁上的细胞，一个个都异常地活跃。我看见有几粒立方形的细胞，正在渐渐地拉长，变成圆柱形了，在它的一头，一点一点的油点，不停地在涌出。这些油点，积少成多，不久就结成了一颗大得可观的乳球，比我的身子要大了好几倍。这些乳球，又愈聚愈广，出了乳峰之口，就如喷水池一般倾泻而下了。

我记得，当我在血河里抢吃红血球的时候，似乎并未曾遇见过干酪素和乳糖之类的东西。显然地，这些罕见的东西，是乳球所特有，是乳房壁上的细胞自己制造出来的。不但如此，就连乳汁里的脂肪，它的内容，也和血液里的脂肪有些不同。就连乳汁里所含的各种无机盐的成分，和血液里所含的无机盐的成分也不一样。这样看来，在内容上，乳汁是比血液更复杂丰富而精美了。

然而，乳汁在原料上，那无疑还是仰给于血液，还是红血球帮它运送来的。那么，血管与乳房之间是有路可通了。

我在血河里，正苦着没有正当的出路，到了没有法子的时候，也只得随着眼泪、汗汁、尿水、鼻涕、口津、痰之类人们所厌弃的流液而出奔，不然则"人山"一旦崩溃，我将随着它的尸身，又回到我的土壤故乡去了。这是我所不愿意的。

我一生最大的希望，最有野心的企图，就是征服"人山"，尤其是幼小无力的"人山"，开拓我的新殖民地，使我族可以无限制地繁殖下去。现在我既发现了这乳峰里的秘密，我可以布置新的交通网了。

我可以从血管冲进乳房，在乳囊里集中，在乳峰口会合出发，一喷就喷到婴儿口里去了。我知道乳汁前途的环境是非常温暖而舒适的，在它的浸润中，我绝不至于冻饿，一到了婴儿的肚肠里，更是饱暖无忧了。

然而，人到底是爱干净的动物，现代人的母亲更加讲究了。在哺乳之前，必有一番清洁的准备，用硼酸水或用酒精来洗刷她的乳峰，在这种消毒力量威胁之下，伏在乳峰四沿的我早已四散逃避了。

然而，我有一群淘气的孩子们会从血管里冲过来，预先和乳汁混在一起，有荚膜的鼓起它们的荚膜，有鞭毛的舞着它们的鞭毛，怒气冲冲的，预备一出去，一踏上婴儿的食道，就大显身手。不幸，这消息已被科学先生所侦察到了。讨厌的科学先生就大肆提倡什么验血验乳的勾当。什么"梅毒反应"，什么"结核菌素反应"之类，都是故意与我为难，禁止我再入婴儿的口，绝我求生之路，我真愤恨极了。

"人山"上的戒备既是这样的严密，我的这一个侵略婴儿的计划，算是失败了，于是我又有占领"牛山""羊山"上的乳峰作为攻人的根据地的企图。

其实，大如老虎狮子，小如兔儿鼠子，哪一个哺乳类的动物，它的乳峰上没有我的踪迹？正因为牛和羊的乳汁，是被人类夺去了作为日常的饮料，这些乳汁到人口之前，不知要经过多少的曲折，多少的跋涉，这之间，我就有机可乘，所以我特别喜欢在它们的乳峰上盘桓，等候着机会的来临，等候着乳峰的开放。

在"牛山"上的乳峰开放了以后，我的菌众就纷纷地争来求食了。

有的从牛粪里飞上了"牛山"，又由"牛山"辗转而来到了乳峰之下，有的从牧场上的灰尘泥土中奔来，有的从摄乳的人的手指、喉咙、衣服上送来，又有的就预先伏在乳桶、乳锅、乳瓶、乳杯里等候。从乳峰到人口，凡是乳汁游行所必经之路，一站一站莫不有我的兵队，在黑暗里埋伏着。

乳汁来了，它把乳峰内外四旁的菌众，都冲到乳桶里去了。乳汁是最适合我的胃口的滋补品，于是我的菌众在那儿迅速地繁殖起来了。

所有没有消过毒的牛乳，一到了人口，已满载着我的菌众，我的菌数之多，实足以惊人，为卫生家所嫉视，科学先生为了这个问题，更担心了。他们曾费了一番苦心来研究。据他们的报告，在一切饮用的流液之中，我的数目，当以牛乳里所含为最多。于是他们就定下了一种检查牛乳的法规，要对我加以限制。我吃牛奶而已，与他们有什么相干，难道人可夺母牛之乳而饮，就不许我在奶汁里沾一点光吗？

我到了乳汁里之后，就择所好而吃，牛乳的内容本来也和人乳一样的丰富，不过它的"干酪素"较多，它的乳糖，它的脂肪则较少罢了。

我吃了乳糖，把它化成乳酸，这样含有乳酸气味的酸牛奶，常为欧美人士所喜吃，说是有助于消化，可以治胃肠的病，可见我的生活过程，对于人类，不全是有害，有时还有很大的好处，这酸牛奶的功用便是一个好例子。以后我还要举出许多别的例子来，这里不再唠叨了。

有时我吃了乳糖，不但产酸，而且产气，所产的酸，又不是乳酸，而是带点苦味的醋酸，那牛乳人就不肯吃了。

我在乳汁中，又会放出两种"酵素"：一种有分解"干酪素"的力量，一种会破散其他的蛋白质。那乳汁先凝结成乳块，再化成清清的乳水。

至于乳汁里的脂肪，我也常吃，吃了就把那脂肪"碱化"了，使那乳汁又变成黄黄的透明之水了。

在上述这些情形之中，在我大吃特吃之后，乳汁都发生了重大而显露的变化，人眼可望而见，人鼻可嗅而知，人口可拒之而不饮，就不至于发生什么变故了。

然而有时"牛山"上的情形很恶劣，山谷里尽是乌烟瘴气，我的一群淘气的孩子们已在山里东冲西突，乱抢乱劫，它们一得到乳峰开放的消息，一定会狂奔而来，混在乳汁里捣乱。呀！在我的菌众中，它们是最刁滑无比的一群，它们可以不动声色地偷偷地在那里吃乳。它们吃过了之后，那乳汁也不会发生任何变化，人若不知不觉地吃了这样的乳汁，那才危险哩。

就这样，我的这一群野孩子就随着乳汁深入到人身的内地去了。由于它们行凶的结果，所造成不幸的事件就有结核、伤寒、副伤寒、痢疾、白喉、猩红热、脓毒性的喉痛，乃至于"布鲁氏菌病"之类的疫病。不知什么时候这消息又被科学先生的情报处所侦知了。于是在"人山"的食洞里，在乳汁所走过的路途上，在"牛山"的乳峰里，他们就大肆搜捕我的菌众，我的儿孙们无辜而被牵连入狱者不计其数。

最后，科学先生得到了完全的罪证，他们才知道，这些从乳汁所传染来的疫病，都是我那一群淘气的孩子所干的事，和我族里那些普通的菌众无干。

他们又发现了我的孩子们的弱点。我那些淘气的孩子们，都是顶怕热的微生物，温度一过了 60℃，经过了 20 分钟之久，它们就要死尽了，而其他与人无害的菌众，则仍可以在这热度中偷生。

所以在今日，牛奶的消毒，都是根据了这个原理。这他们似乎是顾全了我全体的生命，不用蒸煎的法子来歼灭我的全部，而其实他们是为着自己的利益，因为牛奶一经煮开，它滋养的内容就会损坏了不少呀。

我听说，这种消毒法，又是那位胡子科学先生所想出来的花样，他真处处和我为难。哎呀，那胡子，他真是我的老对头！

食道的占领

红食的问题真够复杂而矛盾了。

除了无情的水、无情的空气、无情的矿盐之外，一切生命的原料，都是有情的东西，都是有机体，都是各种生物的肉身。

地球上各种生物，都有吃东西的资格，也都有被吃的危险。不但大的要吃小的，小的也要吃大的。不但人类要宰鸡杀羊，寄生虫也要拿人血人肉来充饥。这不是复仇，不叫报应，这是生物界的一贯政策，生存竞争。

在生物界中，我是顶小顶小的生物，但我要吃顶大顶大的东西，不，我什么东西都要吃，只要它不毒死我。一切大大小小的生物，都是我吃的对象。因此，我认为我谋食最便当的途径，就是到动物的食道①上去追寻。我渺小的身体，哪一种动物的食道去不得？

为了食的追求，我曾走遍天下大小动物的食道。在平时，我和

①食道：这里泛指消化道。

食道的老板都能相安无事。我吃我的，它消化它的。有时，我的吃，还能帮助它的消化呢。牛羊之类吃草的动物，它们的肚肠里若没有我在帮助它们吃，那些草的生硬的纤维素，就不易消化呵。

虽然，有些动物的食道，我是不大愿意去走的。蝎儿的肠腔我怕它太阴毒，某种蠕虫儿的肚子我嫌它太狭窄。北极的白熊，印度的蝙蝠，它们的食道上，我也很少去光顾，这我是受不了不良环境与气候的威胁呀！

我到处奔走求食，我在食道上有深久的阅历，我以为环境最优良、最丰腴的食道，要推举人类的肚肠了。这在前面我已宣扬过了：

人类的肚肠，是我的天堂，
那儿没有干焦冻饿的恐慌，
那儿有吃不尽的食粮。

人类这东西，也是最贪吃的生物，他的肚子，就是弱小动植物的坟墓，生物到了他的口里，都早已一命呜呼了。独有我菌儿这一群，能偷偷地渡过他的胃汁，于是他肠子里的积蓄，就变成我的粮仓食库了。在消化过程中的菜饭鱼肉，就变成我的沿途食摊了。在这条大道上，我一路吃，一路走，冲过了一关又一关，途中风光景物，真是美不胜收，我真可谓饱尝其中的滋味了。虽然，我有时也会厌倦了这种贵族式的油腻的生活，就巴不得早点溜出肛门之外呀。

然而，在平时，我的大部分菌众始终都认为人类的肠腑是我最美满的乐土，尤其是在这人类称霸的时代，地球上的食粮尽归他所统治，他的食道，实在是食物的大市场，食物的王国呵。我若离开他的身体再到别的地方去谋生，那最终是要使我失望的呵。

这个道理，我的菌众似乎都很明白，因此，不论远近，只要有机可乘，我就一跃而登人类的大口。这是占领食道的先声。

　　在他的大口里，就有不少的食物的渣滓皮屑，都是已死去的动植物的细胞和细胞的附属品，在齿缝舌底之间填积着，可供我浅斟慢酌，我也可以兴旺一时了。然而，我在大口里，老是站不住脚。口津如温泉一般地滚流不息，强盛的血液又使我战栗，吞食的动作又把我卷入食管里面去了。不然的话，我一旦得势，攻陷了黏膜，那张堂皇的大口，就要臭烂出脓了。

　　到了食管，顺着食管动荡的力量，长驱直入，我的先头部队早已抵达胃的边岸了。扑通一声，我堕入黑洞洞、热滚滚、酸溜溜、毒辣辣的胃汁的深渊里去了。不幸我的大部分菌众都白白地浸死了。剩下了少数顽强的分子，它们有油滑的荚膜披体，有坚实的芽孢护身，冲过了这食道上最险恶的难关，安然达到胃的彼岸了。

　　有的人，胃的内部受了压迫，酿成了胃细胞怠工的风潮，胃汁的产量不足，酸度太淡，消化力不够强，我是不怕他的了，就是从来渡不过胃河的菌众，现在也都跟跄地过去了。

　　有的时候，胃壁上陡地长出一个团团的怪东西，这种畸形的、多余的发育，科学先生给它一个特殊的名称叫作"癌"。"癌"，这不中用的细胞的大结合，我就毫不客气地占领了它，作为我攻人的特务机关了。

　　一越过了有皱纹的胃的幽门，食道上的景色就要一变，变成了重重叠叠的、有"绒毛"的小肠的景色了。酸酸的胃汁流到了这里，就渐渐地减退了它的酸性。同时，黄黄的胆汁自肝来，清清的胰汁自胰腺来，黏黏的肠汁自肠腺里涌出，这些人体里的液汁，都有调剂酸性的本能。经过了胃的一番消化作用的食物，一到小肠，就渐渐成为中间性的食物了。中间性是由酸入碱必经的一个段落。在这个段落里，我就敢开始我吃的劳作了。

不过，我还是有所顾忌，就是那些食物身上还蕴蓄着不少的"缓冲的酸性"，随时都会发生动摇，而把大好的小肠又变成酸溜溜的了。所以在小肠里，我的菌众仍是不肯长久居留，我仍是不大得意的呵！

蠕动的小肠，依照它在食道上的形式，和它的绒毛的式样，可分为三大段。第一段是十二指肠，全段只有十二个指头并排在一起那么长，紧接着是胃的幽门。第二段是空肠，食物运到这里，是随到随空的，不是被肠膜所吸收，就是急促地向下推移。第三段是回肠，它的蜿蜒曲折、千回百转的路途，急煞了混在食物里面的我，我的行动是受了影响了，而同时食物的大部分珍美的滋养料也就在这里，都被肠壁的细胞提走了。

我辛辛苦苦地在小肠的道上，一段一段地推进，我的胆子一点一点壮起来了。不料刚刚走到了环境的酸性全都消失的地方，好吃的东西出其不意地又都被人体的细胞抢去吃了。我深恨那肠壁四周的细胞。

小肠的曲折，到了盲肠的界口就终止了。盲肠是大肠的起点。在盲肠的小角落里，我发现了一条小小的死巷堂，是一条尾巴似的突出的东西，食物偶尔堕落进去，就不得出来。我也常常占领了它作为攻人的战壕，因此"人山"上就发生了盲肠炎的恐慌。

到了大肠了。大肠是一条没有绒毛的平坦大道，在"人山"的腹部里面绕了一个大弯。已经被小肠榨取去精华的食物，到了这里，只配叫作食渣了。这食渣的运输极其迟缓，愈积愈多，拥挤得几乎透不过气。我伏在这食渣上，顺着大肠的趋势，慢慢儿往上升，慢慢儿横着走，慢慢儿向下降，过了乙状结肠，到了直肠，这是食道上最后的一站，然后就望见肛门之口，别有一番天地了。

食渣一到了大肠的最后的一段，一切可供为养料的东西，都已被肠膜的细胞和我的菌众洗劫一空了，所剩下的只是我无数菌众的尸身和不能消化的残余，再染上胆汁之类的彩色，简直只配叫作屎了。屎这不雅的名称，倒有一点儿写实的意思呀。

多事的科学先生，曾费了一番苦心去研究屎的内容，他们发现屎的总量的四分之一至三分之一都是尸，尸就是指我而言。据说，我的菌群，从成人的肛门口所逃出的，每天总有 8 克重量的我，真不算少，估计起来，约有 128 000 000 000 000 000 000 之多的菌尸。128 之后，又拖上了 18 个零，这数字是多么惊人。由此可以想见大肠里的情形是如何的热闹了。

然而，在十二指肠的时候，我新从死海里逃生，我的神志犹昏沉沉，我的菌数已寥寥无几，这些大肠里异常热闹的菌众，当然是到了大肠之后才繁殖出来的。我的先头部队只需在每一个群中各选出几位有力的代表做开路的先锋，以后就可以生生世世在肠腔里传子传孙了。

在我的先头部队之中，最先踏进肠口的，是我的一个最可疼的孩子。它是不怕酸的一员健将，它顶顶爱吃的东西就是乳酸。它常在乳峰里鬼混，它混在乳汁里面悄悄地冲进婴儿的食道里来了。在婴儿寂寞的肠腔里感到孤独悲哀而呻吟的，就是它。它还有一位性情相近的兄弟，那是从牛奶房里来的，也老早就到"人山"的食道上了。

在婴儿没有断乳以前的肠腔，这两弟兄是出了十足的风头，红极一时。婴儿一断了乳，四方的菌众都纷纷而至，要求它俩让出地盘。它们一失了势，从此就沉默下去了。

这些后来的菌众之中，最值得注意的，是我的两个最出色的孩子，这两个都是爱吃糖的孩子。它们吃过了糖之后，就会使那糖发酵。发酵是我菌儿特有的技能。为了发酵，不知惹出了多少闲气来，这是后话不提。

这两个孩子，一个就是鼎鼎大名的"大肠杆菌"，看它的名字，就晓得它的来历。它的足迹遍布天下动物的肚肠，只有鱼儿、蛤儿之类冷血动物的肠腔，它似乎住不惯。科学先生曾举它做粪的代表，它在哪儿，哪儿便有沾了粪的嫌疑了。

那另一个，也有游历全世界肚肠的经验。它身上是有芽孢的，它的旅行更是顺利了。不过，它有一种怪脾气，好在黑暗、没有空气的角落里过日子，有新鲜空气的地方，反而不能生存下去。这是"厌氧杆菌"的特色。肚肠里的环境，恰恰满足了这种奇怪的生活条件。

我的孩子们有这一种怪脾气的很多，还有一个，也在肚肠里谋生。它很淘气，常害人得"破伤风"的大病，在肠腔里，它却不作怪。你们中国北平工人的肠腔里，就收留了不少它的芽孢。这大概是由于劳苦的工人多和土壤接近的缘故吧！我的这个孩子本来伏在土壤里面。尤其是在北平，大风刮起漫天的尘沙，人力车夫张着大口喘息不停地在奔跑，它的机会就来了。

其实，我要攀登"人山"上食道的机会，真多着哪！哪一条食道不是完全公开的呢？我的孩子们，谁有不怕酸的本领，谁能顽强抵抗人体的攻击，谁就能一埕一埕冲进去了。在这"人山"正忙着过年节的当儿，我的菌众就更加活跃了。

我虽这样地占领了食道，占领了人类的肚肠，仍逃不过科学先生灼灼似贼的眼光。有时人们会叫肚子痛，或大吐大泻，于是他们的目光又都射到我的身上了，又要提我到实验室审问去了。那胡子科学先生的门徒又在作法了，号称天堂的肚肠，也不是我的安乐窝了。哎！我真晦气！

肠腔里的会议

崎岖的食道，纷乱的肠腔，

我饱尝了"糖类"和"蛋白质"的滋味。

我看着我的孩子们，一群又一群，

齐来到幽门之内，开了一个盛大的会议，

有的鼓起芽孢，有的舞着鞭毛，

尽情地欢宴，

尽量地欢宴。

天晓得，乐极悲来，好事多磨，

突然伸来科学先生的怪手，

我又被囚入玻璃小塔了；

无情之火烧，毒辣之汁洗，

我的菌众一一都遭难了。

烧就烧，浇就浇，我是始终不屈服！

他的手段高，我的菌众多，我是永远不屈服！

这肠腔里的会议是值得纪念的。

这肠腔里的"菌才"是济济一堂的。

从寂寞婴儿的肠腔，变成热闹成人的肠腔，我的孩子们，先先后后来到此间的一共有八大群，我现在一群一群地来介绍一下罢。

俨然以大肠的主人翁自居的"大肠杆菌"；酸溜溜从乳峰之口奔下来的"乳酸杆菌"；以不要现成的氧气为生存条件的"厌氧杆菌"：这三群孩子我在前一章已经讲了出，这里不再噜苏了。其他的五大群呢？其他的五大群也曾在肠腔里兴旺一时。

第四群，是"链球儿"那一房所出的。它的身子像圆圆的小球儿似的，有时成串，有时成双，有时单独地出现。科学先生看见它，吃了一惊，后来知道它在肚子里并不作怪，就给它起了一个绰号，叫作"吃屎链球菌"（即粪链球菌）。链球菌这三个字多么威风！这是承认它是肺港之役曾出过风头的"吃血链球菌"的小兄弟了。而今乃冠之以吃屎，是笑它的不中用，只配吃屎了。我这群可怜的孩子，是给科学先生所侮辱了。然而这倒可以反映出它在肠腔里的地位呵！

（笔记先生按：最近国民政府有一位姓朱的大将军，据说因为打补血针的时候不当心，血液中毒，得了败血症而死了。那闯进他的血管里面，屠杀他的血球的凶手，就是那著名的吃血链球菌呀！而那吸血的"链球菌"，它有时也会被吞到肚子里去，不过，肚子里的环境是不容许它有什么暴动的，所以在肚子里它反不如它的小兄弟——吃屎链球菌那样活跃。这在菌儿它是不好意思直说出来的啊。）

第五群，是"化腐杆儿"那一房所出的。它的小棒儿似的身体，蛮像"大肠杆菌"，不过，它有时变为粗短，有时变为细长，因此科学先生称它作"变形杆菌"。它浑身都是鞭毛，因此它的行动极其迅速而活泼。它好在阴沟粪土里盘桓，一切不干净的空气，不干净的水，常有它的踪迹。它爱吃的尽是些腐肉烂尸及一切腐败的蛋白质，它真是腐体寄生物中的小霸王。它在哪儿发现，哪儿便有臭腐的嫌疑。它闻到了这肠腔里臭味冲天，料到这儿有不少腐烂的蛋白质在堆积着，因此它就混在剩余的肉汤菜渣里滚进来了。

在肠腔里，它虽能安静地干它化解腐物的工作，但它所化解出来的东西，往往含有一点儿毒质，而使肠膜的细胞感到不安。科学先生疑它和胃肠炎的案件有关，因此它就屡次被捕了。如今这案件还在争讼不已，真是我这孩子的不幸。

第六群，是"芽孢杆儿"那一房所出。它也是小棒儿似的样子，头上却长出一颗坚实的芽孢。它行动飞快。它的地盘也很大，乡村的土壤和城市的空气中，都寻得着它。它爱喝的是咸水，爱吃的是枯草烂叶。它也是有名的腐体寄生物，不过它寄生的多数都是植物的后身，因此科学先生呼它作"枯草杆菌"。它大概是闻知了这肠腔里有青菜、萝卜的气味，就紧抱着它的芽孢，而漂来这里借宿了。有那样坚实的芽孢，胃汁很难浸死它，它这一群冲进幽门的着实不少呵。

在新鲜的粪汁里，科学先生常发现一大堆它的芽孢。它又常到实验室里去偷吃玻璃小塔中的食粮，因此实验室里的掌柜们都十分讨厌它。但因为它毕竟是和平柔顺的分子，在大人先生的肚子里并没有闹过乱子，科学先生待它也特别宽容，不常加以逮捕。这真是这吃素的孩子的大幸。

第七群，是"螺旋儿"那一房所出。它的态度有点不明，而使科学先生狐疑不定。它一被科学先生捉了去，就坚决地绝食以反抗，所以那玻璃小塔里，是很难养活它的。后来还亏东方木屐国有一位什么博士，用活肉活血来请它吃，它的真相乃得以大白。它的像螺丝钉一般的身儿，弯了一弯又一弯，真是在高等动物的温暖而肥美的血肉里娇养惯了，一旦被人家拖出来，就那样难养。大概我的孩子们过惯了人体舒适的生活的，都有这样古怪的脾气，而这脾气在螺旋儿这一群，是显得格外厉害的了。

虽然，我这螺旋儿，有时候因为寻不着适当的人体公寓，暂在昆虫小客栈里借宿，以昆虫为"中间宿主"。在形态上，在性格上本来已经有"原动物"的嫌疑的它，更有什么中间宿主这秘密的勾当，越发使科学先生不肯相信它是我菌儿的后裔了。于是就有人居间调停了，叫它作"螺旋体"，说它是生物界的中立派，跨在动植物两界之间。这些都是科学先生的事，我何必去管。

我只晓得，它和我的其他各群孩子们过从很密。在口腔里，在牙龈上，在舌底下，我们都时常会见。在肠腔里，我们也都在一块儿住，一块儿吃，它也服服帖帖的并不出奇生事。要等它溜进血川血河里，这才大显其身手，它原是血水的强盗。不过它还有一所秘密的巢窝，是人间所讳言的神秘之窟。其实，那有什么了不起呢？我一生成功的秘诀，就在生殖得快而且多呀！正因为人类的生殖器，多为庄严的礼教所软禁，迫得愚夫愚妇铤而走险，这才闹出花柳病的案子、花柳病的乱子了。于是人类生殖器便成为这螺旋儿的势力区了，不然，它也只好平心静气地伏在肠腔里养老呀。

第八群，是"酵儿"和"霉儿"。它们并不是我自己的孩子，而是我的大房、二房兄弟所出的，算起来还是我的侄儿哩。它们都是制酒发酵的专家。不过它们也时常到人类肚子里来游历，所以在这肠腔里集会的时候，它们也列席了。

那酵儿在我族里算是个子较大的，它那像小山芋似的胖胖的身儿是很容易认得的。它的老家是土壤，它常伏在马蜂、蜜蜂之类的昆虫的脚下飞游，有时被这些昆虫带到了葡萄之类的果皮上。它就在那儿繁殖起来，那葡萄就会变酸了，它也就是从这酸葡萄、酸茶之类的食物滚进"人山"的口洞里来了。酒桶里没有它，酒就造不成，这在中国的古人早就知道了，不过看不出它是活生生的生物罢了。它的种类也很多，所造出来的酒也各不相同。法国的酒商曾为这事情闹到了胡子科学先生的面前。

那霉儿，它的身子像游丝似的，几个十几个细胞连在一起。它是无所不吃的生物，它的生殖力又极强，气候的寒热干湿它都能忍耐过去，尤其是在四五月之间毛毛雨的天气里，它最盛行了。因此它的地盘之大，我们的菌众都比不上它。它有强烈的酵素，它所到的地方，一切有机体的内部都会起变化，人类的衣服、家具、食品等东西都是给它毁损了。然而它的发酵作用并不全是有害的，人类有许多工业都靠着它来维持哩。

关于这两群孩子的事实还很多，将来也要请笔记先生替它立传，我这里不过附带声明一声罢了。

以上所说的八大群的菌众，先后都赶到大肠里集会了。

"乳酸杆儿"是吃糖产酸那一房的代表。

"大肠杆儿"是在肠子里淘气的那一房的代表。

"厌氧杆儿"是讨厌氧气那一房的代表。

"吃屎链球儿"是球族那一房的代表。

"变形杆儿"是吃死肉那一房的代表。

"芽孢杆儿"是吃枯草烂叶那一房的代表。

"螺旋儿"是螺旋那一房的代表。

　　"酵儿"和"霉儿"是发酵造酒那两房的代表。

　　这八群虽然不足以代表大肠的全体菌众，但是它们是大肠里最活跃、最显著、最有势力的分子了。

　　在以前几章的自传里，我并没有谈到我自己的形态，在本章里我也只略略地提出。那是因为你们没有福气用显微镜观察我的大众，总没有机会会见我，我就是描写得非常精细，你们的脑袋里也不会得到深刻的印象呵。在这里，你们只需记得我的三种外表的轮廓就得了：就是球形、杆形和螺旋形三种呵。

　　还有芽孢、荚膜、鞭毛也是我身上的特点，这里我也不必详细去谈它。

　　然而，我认为你们应当格外注意的，就是我在大肠里面是怎样的吃法，这是和你们的身体很有利害关系的呵。

　　我这八群的孩子，它们的食癖，总的说起来可分为两大党派：一派是吃糖，糖就是碳水化合物的代表；一派是吃肉，肉是蛋白质的代表。

　　它们吃了糖就会使那糖发酵变酸。

　　它们吃了肉就会使那肉化腐变臭。

　　这酸与臭就是我的生理化学上的两大作用呀。

　　然而大肠里蛋白质与碳水化合物的分布是极不均衡的。和尚尼姑的大肠里大约是糖多，阔太富翁的大肠里大约是肉多。

　　糖多，我的爱吃糖的孩子们，如乳酸杆儿之群，就可以勃兴了。

　　肉多，我的爱吃肉的孩子们，如变形杆儿之群，就可以繁盛了。

　　乳酸杆儿勃兴的时候，是对你们大人先生的健康有益的，因为它吃了糖就会产出大量的酸。在酸汁浸润的肠腔里，吃肉的菌众是永远不会得志的，而且就算我那一群淘气的野孩子们偶尔闯进来，也会立刻被酸所扫灭了。所以在乳酸杆儿极度繁荣的肠腔里，"人山"上是不会发生伤寒病之类的乱子。所以今天的医生常利用它来治疗伤寒。

伤寒的确是你们的极可怕的一种肠胃的传染病，是我的一群凶恶的野孩子在作祟。这野孩子就是大肠杆儿那一房所出的。在烂鱼烂肉那些腐败的蛋白质的环境里，它就极容易发作起来。害人得痢疾的野孩子也是这一房所出的。害人得急性胃肠病的也是这一房所出的。它们都希望有大量的肉渣鱼屑从胃的幽门运进来。还有霍乱那极淘气的孩子，也是这样的脾气。霍乱、痢疾、伤寒这三个难兄难弟和你们中国人是很有来往的，我不高兴去多谈它们了。

就是这些野孩子不在肠腔里的时候，如果肠腔里的蛋白质堆积得过多，别的菌众也会因吃得过火，而使那些蛋白质化解成为毒质。

专会化解蛋白质成为毒质的，要算那著名的"腊肠毒杆儿"了，这杆儿是我的厌气那一房孩子所出的。这些厌气的孩子们，身上也都带着坚实的芽孢，既不怕热力的攻击，又不怕酸汁的浸润，很容易就给它溜进肠腔里来了。

那八大群的菌众是肠腔会议中经常出席的，这些淘气的野孩子们是偶尔进来列席旁听的。我们所讨论的议案是什么？那是要严守秘密的呵！

不幸这些秘密都被胡子科学先生的徒子徒孙们一点一点地查出来了。

于是这八大群的孩子们，淘气的野孩子们以及其他的菌众一个个都锒铛入狱，被拘留在玻璃小塔里面了。

科学先生这是要研究出对付我们的圆满的办法呵。

清除腐物

真想不到，我现在竟在这里受实验室的活罪。

科学的刑具架在我的身上，

显微镜的怪光照得我浑身通亮；

蒸锅里的热气烫得我发昏，

毒辣的药汁使我的细胞起了溃伤；

亮晶晶的玻璃小塔里虽有新鲜的食粮，

那终究要变成我生命的屠宰场。

从冰箱到暖室，从暖室又被送进冰箱，

三天一审，五天一问，

侦查出我在外界怎样地活动，

揭发了我在人间行凶的真相。

于是科学先生指天画地地公布我的罪状，

口口声声大骂我这微生物太荒唐，

自私的人类，都在诅咒我的灭亡，

一提起我的怪名，

他们不是怨天，就是"尤人"（这人是指我）！

怨天就是说："天既生人，为什么又生出这鬼鬼祟祟的细菌，暗地里在谋害人命？"

"尤人"就是说："细菌这可恶的小东西，和我们势不两立，恨不得将天下的细菌一网打尽！"

这些近视眼的科学先生和盲目的人类大众，都以为我的生存是专跟他们作对，其实我哪里有这等疯狂？

他们抽出片断的事实，抹杀了我全部的本相。

我真是有冤难申，我微弱的呼声打不进大人先生的耳门。

现在亏了有这位笔记先生，自愿替我立传，我乃得以向全世界的人将我的苦衷宣扬。

我菌儿真的和人类势不两立吗？这一问未免使我的小胞心有点辛酸！

天哪！我哪里有这样的狠心肠，人类对我竟生出这样严重的恶感。

在生存竞争的过程中，哪个生物没有越轨的举动？人类不也在宰鸡杀羊、折花砍木，残杀了无数动物的生命，伤害了无数植物的健康。而今那些传染病暴发的事件，也不过是我那一群号称"毒菌"的野孩子们，偶尔为着争食而突起的暴动罢了。

正和人群中之有帝国主义者，兽群中之有猛虎毒蛇，我菌群中也有了这狠毒的病菌。它们都是横暴的侵略者、残酷的杀戮者、阴险的集体安全的破坏者，真是丢尽了生物界的面子！闹得地球不太平！

我那一群野孩子们粗暴的行为虽时常使人类陷入深沉的苦痛，这毕竟是我族中少数不良分子的丑行，败坏了我的名声。老实说，这并不完全是我的罪过呵！我菌众并不都是这么凶呀！

我在长年流落的生活中，踏遍了现在世界一切污浊的地方，在臭秽中求生存，在潮湿处传子孙，与卑贱下流的东西为伍，忍受着那冬天的冰雪，被困于那燥热的阳光中，无非是要执行我在宇宙间的神圣职务。

我本是土壤里的劳动者，大地上的清道夫，我除污秽，解固体，变废物为有用。

有人说：我也就是废物的一分子，那真是他的大错，他对于事实的蒙昧了。

我飞来飘去，虽常和腐肉烂尸、枯草朽木之类混居杂处，但我并不同流合污，不做废物的傀儡，而是它们的主宰，我是负有清除它们的使命呵！

喂！自命不凡的人类呵！不要藐视了我这看似低级的使命吧！这世界是集体经营的世界！不是上帝或任何独裁者所能一手包办的！地球的繁荣是靠着我们全体生物界的努力！我们都要无贵无贱地共同合作的呵！

在生物界的分工合作中，我菌儿微弱的单细胞所尽的薄力，虽只有看不见的一点一滴，然而我集合无限量的菌众，挥起伟大的团结力量，也能移山倒海，也能呼风唤雨呀！

> 我移的是土壤之山，
> 我倒的是废物之海，
> 我呼的是酵素之风，
> 我唤的是氮气之雨。

我悄悄地伏在土壤里工作，已经历过数不清的年头了。我化解了废物，充实了土壤的内容，植物不断地向它榨取原料，而它仍能源源地供给不竭，这还不是我的功绩吗？

我怎样地化解废物呢？

我有发酵的本领，有分解蛋白质的技能，又有溶解脂肪的特长呵。

在自然界的演变途中，旧的在不断地毁灭，新的在不断地从毁灭的余烬中诞生。我的命运也是这样。我的细胞不断地在毁灭与产生，我是需要向环境索取原料的。这些原料大都是别人家细胞的尸体。人家的细胞虽死，它内容的滋养成分不灭，我深明这一点。但我不能将那死气沉沉的内容，不折不扣地照原样全盘收纳进去。我必须将它的顽固的内容拆散，像拆散一座破旧的高楼，用那残砖断瓦、破栋旧梁，重新改建好几所平房似的。

因此，我在自然界里面，有一大部分的职务，便是整天整夜地坐在生物的尸身上，干那拆散旧细胞的工作。虽然有时我的孩子们因吃得过火，连那附近的活的细胞都侵犯了。这是它们的唐突，这也许就是我菌儿之所以开罪于人类的原因吧！

那些已死去的生物的细胞，多少总还含点蛋白质、糖类、脂肪、水、无机盐和活力素①这六种成分吧。这六种成分，我的小小而孤单的细胞里面，也都需要着，一种也不能缺少。

这六种中间，以水和活力素最容易消失，也最容易吸收，其次就是无机盐，它的分量本来就不多，也不难穿过我的细胞膜。只有那些结构复杂而又坚实的蛋白质、糖类和脂肪等，我才费尽了力气，将它们一点一点地软化下去，一丝一丝地分解出来，变成了简单的物体，然后才能引渡它们过来，作为我新细胞建设与发展的材料了。

是蛋白质吧，它的名目很多，性质各异，我就要使它统统一步一步地返本归元，最后都化成了氨、一氧化氮、硝酸盐、氮、硫化氢、甲烷，乃至于二氧化碳及水，如此之类最简单的化学品了。

这种工作，有个专门名词，叫作"化腐作用"，把已经没有生命的腐败的蛋白质化解走了。这时候往往有一阵怪难闻的气味，冲进旁观的人的鼻孔里去。

①活力素：维生素的旧称。

于是那旁观的人就说："这东西臭了，坏了！"

那正是我化解腐物的工作最有成绩的当儿呵！担任这种工作的主角，都是我那一群"厌氧"的孩子们。它们无须氧的帮忙，就在黑暗潮湿的角落里，腐物堆积的地方，大肆活动起来！

是糖类吧，它的式样也有种种，结构也各不同，从生硬的纤维素、顽固的淀粉到较为轻松的乳糖、葡萄糖之类，我也得按部就班地逐渐把它们解放了，变成了酪酸、乳酸、醋酸、蚁酸、二氧化碳及水之类的起码货色了。

是脂肪吧，我就得把它化成甘油和脂酸[①]之类的初级分子了。

蛋白质、糖类和脂肪，这许多复杂的有机物，都是以碳为中心。碳在这里实在是各种化学元素大团结的枢纽。我现在要打散这个大团结，使各元素从碳的连锁中解放出来，重新组织适合于我细胞所需要的小型有机物，这种分解的工作，能使地球上一切腐败的东西都现出原形，归还了土壤，使土壤的原料无缺。

我生生世世、子子孙孙都在这方面不断努力着，我所得的酬劳，也只是延续了我种我族的生命而已。而今，我的野孩子们不幸有越轨的举动，竟招惹人类永久的仇恨！我真抱憾无穷了。

然而有人又要非难我了，说："腐物的化解，也许是'氧化'作用吧！你这小东西连一粒灰尘都抬不起，有什么能力，用什么工具，竟敢冒称这大地上清除腐物的成绩都是你的功劳呢？"这问题19世纪的科学先生，曾闹过一番热烈的论战。

在这里最能了解我的，还是那我素来所憎恨的胡子先生。他花了许多年的功夫，埋头苦干地实验，结果他完全证实了发酵和化腐的过程并不是什么氧化作用。没有我这一群微生物在活动，发酵是

[①]脂酸：脂肪酸的旧称，有机化合物的一类。

永远发不成功的呵！

我有什么特殊的能力呢？

我的细胞里面有一件微妙的法宝。

这法宝，科学先生叫它作"酵素"，中文的译名有时又叫作"酶"，大约这东西总有点酒或醋的气息吧！

这法宝，研究生理化学的人早就知道它的存在了。可惜他们只看出它的活动的影响，看不清它的内容结构，我的纯粹酵素，人们始终不能把它分离出来。因此多疑的科学先生又说它有两种了：一种是有生机的酵素，一种是无生机的酵素。

那无生机的酵素，是指"蛋白酵""淀粉酵"之类那些高等动植物身上所有的分泌物。它们无须活细胞在旁监视，也能促进化解腐物的工作。因此科学先生就认为它们是没有生机的酵素了。

那有生机的酵素，就是指我的细胞里面所存的这微妙的法宝。在酒桶里，在醋瓮里，在腌菜的锅子里，胡子科学先生的门徒们观察了我的工作成绩，以为这是我的新陈代谢的作用，以为我这发酵的功能是我细胞全部活动的结果，因而以为我菌儿本身就是一种有生机的酵素了。

我在生理化学的实验室里听到了这些理论，心里怪难受的。

酵素就是酵素，有什么有生机的和无生机的可分呢。我的酵素也可以从我的细胞内部榨取出来，那榨取出来的东西，和其他动植物体内的酵素原是一类的东西。酵素总是细胞的产物吧。虽是细胞的产物，它却能离开细胞而自由活动。它的行为有点像化学界的媒婆，它的光顾能促成各种化学分子加速度地结合或分离，而它自己的内容并不起什么变化。

在化学反应的过程中，这酵素永远是站在第三者的地位，保持着自己的本来面目。然而它却不守中立，没有它的参加，化学物质各分子间的关系，不会那样紧张，不会引起突变，它算是有激动化学的变化之功了。

没有酵素在活动，全生物界的进展就要停滞了。尤其是苦了我！它是我随身的法宝。失去它，我的一切工作都不能进行了。

虽然，我也只觉着它有这神妙的作用罢了。我有了它，就像人类有了双手和大脑，任何艰苦的生活都可以积极地去克服。有了它，蛋白质碰到我就要松，糖类碰到我就要分散，脂肪碰到我就要溶解，都成为很简单的化学品了。有了它，我又能将这些简单的化学品综合起来，成为我自己的胞浆，完成了我的新陈代谢工作，实践了我清除腐物的使命。

这样一说，酵素这法宝真是神通广大了。它的内容结构究竟是怎样的呢？这问题，真使科学先生煞费苦心了。

有的说：酵素本身就是一种蛋白质。

有的说：这是因为所提取的酵素不纯净，它的身体是被蛋白质玷污了，它才有蛋白质的嫌疑呀！

又有的说：酵素是一个活动体，拖着一只胶性的尾巴，由于那胶性尾巴的勾结，那活动体才得以发挥它固有的力量呵！

还有的说：酵素的活动是一种电的作用。譬如我吧，我之所以能化解腐物，是由于以我的细胞为中心的"电场"，激动了那腐物基质中的各化学分子，使它们阴阳颠倒，而使它们内部的结构发生了变动。

这真是越说越玄妙了！

本来，清除腐物是一个浩大无比的工程。腐物是五光十色无所不包，因而酵素的性质也就复杂而繁多了。每一种蛋白质，每一种糖类，每一种脂肪，甚而至于每一种有机物，都需要特殊的酵素来分解。属于水解作用的，有水解的酵素；属于氧化作用的，有氧化的酵素；属于复位作用的，有复位的酵素。举也举不尽了。这些错综复杂的酵素，自然不是我那一颗孤单的细胞所能兼收并蓄的。这清除腐物的责任，更非我全体菌众团结一致就能担负起来的！

酵素的能力虽大，它的活动却也受了环境的限制。环境中有种种势力会阻挠它的工作，甚至能破坏它的完整。

环境的温度就是一种主要的势力。在低温度里，它的工作甚为迟缓，温度一高过70℃，它就很快地感受到威胁而停顿了。在35℃到50℃之间，是它最活跃的时候。虽然，我有一种分解蛋白质的酵素，能短期地经过沸点热力的攻击而不灭，那是酵素中最顽强的一员了。

此外，我的酵素也怕阳光的照耀，尤其怕阳光中的紫外线，也怕电流的震荡，也怕强酸的浸润，也怕汞、镍、钴、锌、银、金之类的重金属的盐的侵害，也怕……

我不厌其详地叙述酵素的情形，因为它是生物界一大特色，是消化与抵抗作用的武器，是细胞生命的靠山，尤其是我清除腐物的巧妙的工具。

我的一呼一吸一吞一吐，

都靠着那在活动的酵素，

那永远不可磨灭的酵素。

然而，在人类的眼中，它又有反动的嫌疑了。

那溶化病人的血球的溶血素，不也是一种酵素么？

那麻木人类神经的毒素，不也是酵素的产物么？

这固然是酵素的变相，我那一群野孩子是吃得过火，请莫过于仇恨我，这不是我全体的罪过。

您不见我清除腐物的成绩吗？

我还有变更土壤的功业呢！

这地球的繁荣还少不了我，

我的灭绝将带给全生物界以难言的苦恼，

是绝望的苦恼！

土壤革命

土壤，广大的土壤，是我的祖国，是我的家乡，

我从不知什么时候起，就把生命隐藏在它的怀中，

我在那儿繁殖，我在那儿不停地工作，

那儿有我永久吃不尽的食粮。

有时我吃完了人、兽的尸肉，就伴着那残余的枯骨长眠；

有时我沾湿了农夫的血汗，就舞起鞭毛在地面上游行。

在神农氏没有教老百姓耕种的时候，

我就已经伏在土中制造植物的食料。

有我在，荒芜的土地可变成富饶的田园；

失去我，满地的绿意，一转眼，都要满目凄凉。

蒙古的沙漠，一片枯黄，

就因为那儿，没有我立足的地方。

在有内容的泥土里，我不曾虚度一刻的时光，

都为着植物的繁荣，为着自然界的复兴。

有时我随着沙尘而飞扬，叹身世的飘零；

有时我踏着落叶，乘着雨点而下沉；

有时我从肚肠溜出，混在粪中，颠沛流离；

经过曲曲折折的路途，也都回到土壤会齐。

我在地球上虽是行踪无定，

我在土壤里却负有变更土壤的使命。

变更土壤就是一种革命的工作，

是破坏和建设齐头并进的工作。

这革命的主力虽是我的活动，

也还有不少其他杂色的成员。

土壤，广大的土壤，原是微生物的王国，

并且，是微生物的联邦。

有小动物之邦，有小植物之邦。

在小动物之邦里，有我所痛恨的原虫，有我所讨厌的线虫，有我所望而生畏的昆虫。

在小植物之邦里，有我所不敢高攀的苔藓，有我所引为同志的酵霉，有我所情投意合的放线菌。

这些形形色色的分子，有些是反动，有些是先进。

看哪！那原虫，我在"人山"上旅行的时候，已经屡次碰见过了。在肚肠里，酿成一种痢疾的祸变的，不是变形虫的家属吗？在血液里，闹出黑热病的乱子的，不是鞭毛虫的亲族吗？变形虫和鞭毛虫都是顶凶顶狠毒的原虫。它们和我的那一群不安分的野孩子的胡闹，似乎是连成一气的。

它们不但在谋害高贵的人命，连我微弱的胞体也要欺凌。我正在土壤里工作的时候，老远就望见它们了。那耀武扬威的伪足，那神气十足的粗毛，汹汹然而来，好不威风。只恨我，受了环境的限制，行动不自由，尽力爬了24小时，爬不到1英寸（1英寸=2.54厘米），哪里回避得及，就遭它们的毒手了。

这些可恶的原虫儿们所盘伏的地层，也就是我所盘伏的地层。在1克重的土块里，它们的群众，有时多至100万以上，少的也有好几百，其中以鞭毛虫占最多数。它们的存在，给我族的生命以莫大的威胁。它们真是我的死对头。

看哪！那线虫，也是一种阴险而凶恶的虫族，其中以吸血的钩虫为尤凶。它借土壤的潜伏所，不时向人类进攻。中国的农民受它的残害者，真不知有多少。它真是田间的大患。这本与我无干，我在这里提一声，免得你们又来错怪我土壤里的孩子们了。

看哪！那昆虫，如蚯蚓蚂蚁之徒，是土壤联邦显要的居民。它们的块头颇大，面目狰狞，有些可怕，钻来钻去，骚扰地方，又有些讨厌。不过，它们所走过的区域，土壤为之松软，倒使我的工作更顺利。我有时吃腻了大动物的血肉，常拿它们的尸体来换换口味，也可以解解土中生活的闷气。

这些土壤里的小动物们的举动，在我们土壤革命者的眼中，算是落后，而且有些反动的嫌疑。

土壤里小植物之邦的公民，就比较先进了。

虽然那苔藓之群，它们的群众密布在土壤的上层，它们有娇滴滴的胞体，绿油油的色素，能直接吸收太阳的光力，制造自己的食粮。然而它们对于土壤的革命有什么贡献呢？恐怕也只是一种太平的点缀品，是土壤肥沃的表征吧。它们可以说是土壤国的少爷小姐，过着闲适的生活。

土壤里真正的劳动者，算起来都是我的同宗。酵儿和霉儿就是那里面很活跃的两群。

酵儿在普通的土壤里还不多见，但在酸性的土壤里，在果园里，在葡萄园里，我常遇着它们。没有它们的工作，已经抛弃在地上的果皮花叶，一切果树的残余，怎么会化除完尽呢？

霉儿能过着极简单的生活，在各式各样的土壤里我都能遇到它。它这一房所出的角色真不算少：最常见的有"头状菌"，有"根足菌"，有"曲菌"，有"笔头菌"，有"念珠状菌"，这些怪名都是描写它们的形态。它们在土中能分解蛋白质为氨，能拆散极坚固的纤维素。酸性的土壤，是我所不乐居的，它们居然也能在那儿蔓延，真是做到我所不能做的革命工作了。

和我的生活更接近的，要算是放线菌那一族了。它们那柳丝似的胞体，一条条分枝，一枝枝散开。它们的祖先什么时候和我菌儿分家，变成现在的样子，如今是渺渺茫茫无从查考了。但在土壤里，它仍同我在一起过活，然而它的生存条件，似乎比我严格点，土壤深到了30英寸，它就渐渐无生望，终至于绝迹了。它在土壤里最大的任务，是分解纤维素，它似乎又有推动氧化其他有机物之功哩。

最后，我该谈到我自己了，我在土壤联邦里，虽是个子最小、年纪最轻，但我的种类却最繁，菌众却最多，革命的力量也最伟大。

我的菌众，差不多每一房每一系，都是在土壤里起家。所以在那儿，还有不少球儿、杆儿、螺儿的后代，也有不少硝菌、硫菌、铁菌的遗族。真是济济一堂。

我的菌众估计起来，1克重的土块里，竟有300万至2万万（即2亿）之多。虽然，这也要看入土的深浅，离开地面2英寸至9英寸之深，我的菌数最多。以后入土越深，我也就越稀少了。深过了4英尺（1英尺=0.304 8米），我也要绝迹。然而，在质地疏松的土壤里，我可以长驱直入达到10英尺，那里还有我的部队在垦殖哩。

有这么多的菌群，在那么大、那么深的土壤中盘踞着，繁殖着，无怪乎我声势的浩大，群力的雄厚，我的微生物同辈都赶不上了。

我们这一大群一大群土壤联邦的公民，大多数都是土壤革命的工作者。

土壤革命的工作，需要彻底的破坏也需要基本的建设，因而我们这些公民，又可分为两大派别。

第一派是"营养自给派"，是建设者之群。它们靠着自身的本事，有的能将无机的元素，如硫、氢之类，有的能将无机的化合物，如氨、二氧化氮、硫化氢之类，有的能将简单的碳化物，如一氧化碳、甲烷之类，都氧化起来，变成植物大众的食粮；又有的能直接吸收空气中的二氧化碳，以补充自己。

在建设工作进行中，这派所用的技术又分两种。有的用化学综合的技术，如硝菌、硫菌、氢菌、甲烷菌、铁菌等，我的这些出色的孩子们，就是这样一群技术能手。看它们的名称就可知道它们的本事了。

有的用光学综合的技术，那满身都是叶绿素的苔藓，就是这一类的技术能手。

然而，没有破坏者之群做它们的先驱，预备好土中的原料，它们也会有断粮之忧呵。

第二派是"营养他给派"，那就是土壤的破坏者之群了。它们没有直接利用无机物的本领，只好将别人家现成的有机物慢慢地侵蚀，慢慢地分解，变成了简单的食粮，一部分饱了自己的细胞，其余的都送还土壤了。

然而有时它们的破坏工作是有些过激了，连那活的细胞也要加害，这事情就弄糟了。生物界的纠纷，都是由此而兴，而互相残杀的惨剧就层出不穷了。我所痛恨的原虫就是这样残酷的一群。

至于我菌儿，虽也是这一派的中坚分子，但我和我的同志们（指酵儿、霉儿及放线菌等）所干的破坏工作，是有意识的破坏，是化解死物的破坏，是纯粹为了土壤的革命而破坏。

土壤的革命日夜不停地在酝酿着，我们的工作也一刻没有休息过。然而这浩大无比的工程，是需要全体土壤公民的分工合作。破坏了而又建设，建设了而又破坏，究竟是谁先谁后，如今是千头万绪，分也分不清了。

总之，没有"营养他给派"的破坏，"营养自给派"也无从建设；没有"营养自给派"的建设，"营养他给派"也无所破坏。这两派里，都有我的菌众参加，我在生物界地位的重要是绝对不可抹杀的事实。而今近视眼的科学先生和盲目的人类大众，若只因一时的气愤，为了我的那些少数不良分子的蛮动，而诅咒我的灭亡，那真是冤屈了我在土壤里的苦心经营。

经 济 关 系

我正伏在土壤里面，日夜不停地在做工，忽然望见一片乌云，遮满了中国古城的天空。顷刻间，暴雨狂风大作，冲来了一阵火药的气味，几乎使我的细胞窒息。我鼓起鞭毛东张西望，但见平津一带炮火连天，尸血满地！

这又将加重我清除腐物烂尸的负担了。

这人类的自相残杀，本与我无干，何必我多嘴。

然而不幸战事倘若延长下去，就有这样黑心眼的人想利用细菌战了。这几年来，细菌战的声浪，不是也随着大战的呼声而高扬吗？

奇异而又不足奇异的是细菌战。那是说，他们要请出我那一群蛮狠凶顽的野孩子——人们所痛恨的病菌，来助战了，使我菌儿也卷入战争的旋涡了。这如何不引起我的特别注意呀！

本来，我的野孩子们平日都在和人作战。战争一爆发，更造成了它们攻人的机会。它们自然就会闻风赶到了。

我想到这里，不禁打了一个寒噤，我的荚膜和鞭毛都战战栗栗地抖动起来了。

将来战事一旦结束，人类触目伤心，能不怪我的无情吗？在平时，我本有传染病的罪名，在战时，我又加上了帮凶的暴行呀！他们要更加痛恨我了。

呵呵！我的这些孩子们，真是害群之马，由于它们的猖獗，使人类大众莫不谈"菌"色变，使许多人犹认为"细菌"二字是多么不祥而可怕的名词。这真是我菌儿的大耻呵。

老实说，我的大部分菌众，不像资本家，靠着榨取而生存；不像帝国主义者，靠着侵略而生存；不像病菌，靠着传染病而生存。我的大部分菌众都是善良的细菌，生物界最忠实的劳动者，靠着自身劳动所得而生存。

我在土壤革命的过程中，经常地担任了几部门最重要的工作。这在前章已经述过了。

在土壤里，我不但会分解腐物以充实土壤的内容，还会直接和豆科之类的植物合作哩。

在豆根的尖头，我轻轻地爬上它弯弯的根须。我爬进了豆根的内质，飞快地繁殖起来，由内层复蔓延到外层，使豆根肿胀了，长出一粒一粒的瘤子。这就是"豆根瘤"的现象。

这样，我和豆根的细胞取得密切联络，实行同居了。隐藏在豆根瘤里面的我的菌众，都是技术能手。它们都会吸收空气中的氮，把它变成硝酸盐，送给豆细胞，作为营养的礼物，而同时也接收了豆细胞送给它们的赠品——大量的糖类。

这真是生物界共存共荣的好榜样，一丝儿也没有侵略者的虚伪的气息。

种植豆科植物，可以增进土壤的肥沃，中国古代的农民老早就知道了。可惜几千年以来，吃豆的人们，始终没有看见过我的活动呀。

直到1888年，有一位荷兰国的科学先生出来，仗义执言，由于他研究的结果，这才把我在土壤里的这个特殊功绩表扬了一下。

这是在农业经济上，我对于人类的贡献。

在工业方面，我和人类发生了更密切的经济关系。

人类的工业，最重要的莫过于衣食两项，在这两项，我都尽了最大的努力，努力生产。

我原是自然界最伟大的生产力。

宇宙是我的地基，地球是我的厂房，酵素是我唯一神妙的机器。一切无机和有机的物质都是我的好原料。

我的菌众都在共同劳动，共同生产，所造成的东西，也都涓滴归公，成为生物界的共有物了。

不料，野心的人类却想独占，将我的生产集中，据为私有。

在显微镜没有发明以前的时代，他们虽不知道我的存在，却早已发现了我的劳动果实。他们凭着暗中摸索所得的经验，也知道了在人工的环境里面安排好了必需的原料，就能产出我的劳动果实来了。

当初他们就认为这是自然而然的事。而到了化学昌明时代，又认为这是化学变化的事。谁也想不到这乃是微生物的事呀！

他们所采选的原料，也就是我的天然食料，我的菌众老早就预伏在那里面了。并且在人工的环境都适合了我生存的条件时，我也飘飘然地不请自来了。

我不声不响地在那儿工作着，制成了大量的产品。他们却以为是他们自己的创造与发明，于是传之子孙，守为家传秘法。我的劳动果实，居然被这些无耻的商人，占为专利品了。

从酒说起吧，酒就是我的劳动果实之一。我的亲属们多数都有造酒的天分，尤其是酵儿和霉儿那两房。米麦之类的糖类，各式各样的糖和水果，一经它们的光顾，就都带点酒味了。不过，有的酒味之中，还带点酸，带点苦，或带点臭。这显然表示，在自然界中，有不少的杂色的劳动分子在参加酒的生产呀！这些造酒的小技师们，各有不同的个性，不同的酵素，它们所受用的原料，又多不同，因而天下的酒，那气味的复杂，也就很可观了。

这是酒在自然界中的现象。

天晓得，传说中，是在大禹时代吧，就有了这么一位聪明的古人，叫作仪狄的，他偶尔尝到了一种似乎是酒的味道，觉着香甜可口，就想出法子，自己动手来造了，从此中国人就都有了酒喝。

西方的国家，也有它们造酒的故事。

于是，什么葡萄酒呀、啤酒呀、白兰地呀，连同绍兴老酒、五加皮等都算在一起，酒的花样真是越来越多了。

酒也是随着生产手段的变化而变化的吧！然而在这生产手段中，我却不能缺席。

在自然界，酒是我的手工业，我的自由职业，我是造酒的生产力。

在人类的掌握中，酒是我的强迫职务，我成为造酒的奴隶、造酒的机器了。

奇异而又不足为奇的是，人类造酒的历史已经有几千年了，但他们从不知道有我在活动。

这黑幕终于被揭穿了，那又是胡子科学先生的功业。他在显微镜下早已侦察好我的行踪了。

有一回，他特制了几十瓶精美的糖汁果液，打开玻璃小塔之门，招请我入内欢宴，结果我所亲到过的地方，一瓶一瓶都有了酒意了。

于是他就点头微笑地说：

"乖乖，微生物这小子果然好本领，发酵的工程，都是由它一手包办成功的呀！"

话音未落，他就被法国的酒商请去，看看他们的酒桶里出了什么毛病，怎么好好的酒，全变成酸溜溜的了。

胡子先生细细地视察了一番，就作了一篇书面的报告。大意是说：

"纯净的酒，应该请纯净的酿母菌来制造。酒桶的监督要严密，不可放乳酸杆菌或其他不相干的细菌混进去捣乱。

"乳酸杆菌是制造乳酸的专家，绝不是造酒的角色。你们的酒桶就是这样给它弄得一塌糊涂了，这是你们这次造酒失败的重大原因……用非其才。"

他所说的酿母菌，指的就是我那酵儿。

我那酵儿，小山芋似的身子，直径不到 5 微米（1 微米是千分之一毫米），体重只有 0.000 009 817 5 毫克。然而算起来，它还是吾族里的大胖子。

然而胡子先生只知其一，不知其二。那大胖子并不是唯一的发酵能手，吾族中还有长瘦子，也会造出顶甜美的酒。这长瘦子便是指我的霉儿。

它身着有色的胞衣，平时都爱在潮湿的空气中游荡，到处偷吃食品，捣毁物件，是破坏者的身份，又怎么知道它也会生产，也会和人类发生经济关系呢？

这就要去问台湾人了。

原来霉儿那一房所出的子孙很多、很复杂。有一个孩子，叫作"黑曲菌"的，不知怎的竟被台湾人拉去参加制酒的劳动了。现今的台湾酒，大半都是由它所造的。

这一房里，还有一个孩子，叫作"黄绿色曲菌"的，也曾被中国、日本和南洋群岛等处的酒商，聘去做发酵的工程师。不过它所担任的，是初步的工作，是从淀粉变成糖的工作。由糖再变成酒的工作，他们又另请酵儿去担任了。

我的菌众当中，有发酵本领的，当然不止这几个，有许多还等着科学先生去访问呢。这里恕我不一一介绍了。

酒固然是发酵工业中的主要的生产品，但在这战争的时代，甘油也要大出风头了。

甘油，它原是制造炸药的原料。请一请酵儿去吃碱性的糖汁，尤其是在那汁里掺进了40%的亚硫酸钠，它痛饮一番之后，就会造出大量的甘油和酒来了。

不过，还有面包。西洋的面包等于中国的馒头包子，都是大众的粮食。它们也须经过一番发酵的手续。它们不也是我的劳动果实吗？

可怜我那有功无罪的酵儿们，在面包制成的当儿就被人们用不断高升的热力所蒸杀了。这在面包店的主人，是要一方面提防酵儿吃得过火，一方面又担心野菌的侵入，所以索性先下手为强，以保护面包领土的完整。

有时面包热得并不透心，这时候我的野孩子里面有个叫作"马铃薯杆菌"的，它的芽孢早已从空气中移驻到面包的心窝了，就乘机暴动起来，于是面包就变成胶胶黏黏的有酸味不中吃的东西了。

在人类的食桌上除了面包和酒以外，还有牛奶、豆腐、酱油、腌菜之类的食品，也都须靠着我的劳动才能制造成功。

牛奶，不是牛的奶吗？怎么也靠着我来制造呢？

这我指的是一种特别的牛奶——酸牛奶。这东西是有益于肠胃消化的卫生食品。

酸牛奶的酸是有意识的酸，是含有抗敌作用的酸。酸牛奶一落到人们的肚子里，我的野孩子们就不敢在那儿逞凶了。

奇异而又不足奇异的是，制造酸牛奶的劳动者，就是造酒商人所痛恨的"乳酸杆菌"呀！

呵呵！我的乳酸杆菌儿，在牛奶瓶中，却大受人们欢迎了。

不但在牛奶瓶中有如此盛况，在制造奶油和奶酪的工厂中，它也到处都受厂方的特别优待。这都因为它是专家，它有精良的技术，奶油、奶酪、酸牛奶等，都是它对人类优异的贡献。

酸牛奶在保加利亚、土耳其及其他近东诸国，是很盛行的。因为它有功于肠胃，所以那儿的居民常恭维它作"长寿的杆菌"。这真是我这孩子的一件美事。

据说，美国的腌菜所用的乳酸，也是这乳酸杆儿的出品。不过，他们在乳酸之外，有时又掺进了一些醋酸、酪酸，及其他有香味的酸。

这些淡淡浓浓的酸，我也都会制造。法国有一位著名的女化学家，就曾请我到她实验室里表演造酸的技术。结果，我那个黑色的曲儿表演的成绩最佳，它造成了大量的草酸和柠檬酸。现在市场上所售的柠檬酸，一大部分都是它的出品。

豆腐、酱油之类的豆制食物，却是我的黄绿色曲儿的出品了。这是因为它有化解豆蛋白质的能力。

中国制酱油的历史，算是最久远了。可惜中国人死守古法，不知改进，又因为对于我的真相的不认识，酱油里往往有野菌暗渡，弄得黄绿色曲菌不能安心工作，不知浪费了多少原料呀！

你看，那日本的商人就乖巧些，他们就肯埋头研究，积极在我菌众中物色最干练的酱油司务。

在爪哇，豆制食品也很兴盛，他们专请了另一位小技师，那是我的棕色曲儿。我又有几个孩子被美国人请去帮他们忙，制造甜美的冻膏了。

总之，在吃的方面，我和人类的经济关系，将来的发展是未可限量的。

不过在许多地方，人类却都提心吊胆，谨防我来侵犯他们的食品。这是因为我那些野孩子的暴行所给他们的恶劣印象，也太深刻了。

那新兴的罐头食品工业，便是人类食品自卫的一个大壁垒。他们用高压强热的手段，来消灭我在罐头境内的潜势力；又密不通风地封锁起来，使我无缝可入。这真是罕见的门罗主义，食物的独占政策，我在这儿也不便多说了。

穿的方面呢？人类也尽量地利用了我的劳力了。浸麻和制革工业就是两个显著的例子。

在这儿，我的另一班有专门技术的孩子们，就被工厂里的人请去担任要职了。

浸麻,人类在古埃及时代,老早就发明了浸麻的法子了,也老早就雇了我做包工。可是,像造酒一样,他们当初并没有看出我的形迹来。

浸麻的原料是亚麻。亚麻是顶结实的一种植物组织,是衣服的上等材料。它的外层,有顽固而有黏胶性的纤维包围着。

浸麻的手续就是要除去这纤维。这纤维的消除又非我不行。我的孩子们有化解纤维素的才能的也不多见。这可见化解纤维素的本事,真是难能可贵了。

这秘密,直到20世纪的初期,才有人发觉。从此浸麻的工业者,就大体注意到我这有特殊技能的孩子的活动了。于是就力图改善它的待遇,在浸麻的过程中,严禁野菌和它争食,也不让它自己吃得过火,才不至于连亚麻组织的本身也吃坏了。

在制革的工厂里面,我的工作尤为紧张。在剥光兽毛的石灰水里,在充满腥气的暗室中,在五光十色的鞣酸里,到处都需要我的孩子们的合作。兽皮之所以能化刚为柔而不至于臭腐,我实有大功。

不过,在这儿,也和浸麻一样,不能让我吃得过火,万一连兽皮的蛋白质都嚼烂了,那就前功尽弃了。

土壤革命补助了农村经济;衣食生产有功于人类的工业。这样看来,我不但是生物界的柱石,我还是人类的靠山,干脆点说:人类靠着我而生存。

这我并不是大言不惭。

你瞧!那滚滚而来臭气冲天的粪污,都变成田间丰美的肥料了。这还不是我的力量吗?没有我的劳动,粪便的处置,人类简直是束手无策。

这也可见,我和人类并非绝对的对立,并无永久的仇怨!

那对立,那仇怨,也只是我那些少数的淘气的野孩子们的妄举蛮动。

观乎我和人类层层叠叠的经济关系，也可以了解我们这一小一大的生物间仍有合作的可能呵！

然而人类往往以特殊自居，不肯以平等相待。自从实验室里燃起无情之火，我做了玻璃之塔中的俘虏，我的行动被监视，我的生产被占有，从此我的统治权属于那胡子科学先生的党徒了。我这自然界中最自由的自由职业者，如今也不自由了，还有什么话可说！

细菌的衣食住行

衣食住行是人生的四件大事，一件都不能缺少。不但人类如此，就是其他生物也何曾能缺少一件，不过没有人类这样讲究罢了。

细菌是极微极小的生物，是生物中的小宝宝。这位小宝宝穿的是什么？吃的是什么？住在哪里？怎样行动？我们倒要见识见识。

好呀，请细菌出来给我们看一看呀！

不行，细菌是肉眼看不见的东西，它是我们眼珠的2万分之一。幸亏260年前荷兰国有一位叫作列文虎克的看门老头子把它发现了。列文虎克先生一生的嗜好就是磨镜头，在他屋子里存着好几百架自制的显微镜，天天在镜头下观察各种微小东西的形状。有一天他研究自己的齿垢，忽然看见好些微小的生物在唾液中游来游去，好像鱼在大海中游泳一般。这些微小的生物就是我们现在所要介绍的细菌。自从发现细菌以后，经过许多科学家辛辛苦苦的研究，现在我们已渐渐知道它的私生活的情况了，但是大众对于细菌不过偶尔闻名而已，很少有见面的机会，至于它的衣食住行，就更莫名其妙了。

我们起初以为细菌实行裸体运动，一丝不挂，后来一经详细地观察，才晓得它们个个都穿着一层薄薄的衣服，科学的名词叫作荚膜。这种衣服是蜡制的，要把它染成紫色或红色才看得清楚。细菌顶怕热，若将它们抹在玻璃片上放在热气上烘，顷刻间这层蜡衣都化走，露出它们娇嫩的肤体。它们又很爱体面，当它们来到人类或动物的体内游历，或在牛奶瓶中盘桓之时，穿得格外整齐，这层蜡衣显得格外分明。细菌的种族很多，其中以"荚膜杆菌""结核杆菌"及"肺炎球菌"三族衣服穿得特别讲究，特别厚，特别容易为我们所认识。

细菌的吃最为奇特而复杂，我们若将它详详细细地分析一下，也可以写成一部食经。在这里不便将它的全部秘密泄露，只略选其大概而已。细菌是贪吃的小孩子，它们一见了可吃的东西便抢着吃，吃个不休，非吃得精光不止。但它们也有吃荤绝对不吃素的，也有吃素绝对不吃荤的，所以我们有动物病菌与植物病菌之分。大多数的细菌都是荤素兼吃。有的细菌荤素都不吃而去吃空气中的氮，或无机化合物如硝酸盐、亚硝酸盐、阿摩尼亚、一氧化碳之类。

此外还有吃铁的铁菌和吃硫黄的硫菌。更有专吃死肉不吃活肉的腐菌和专吃活肉不吃死肉的病菌。麻风的病菌只吃人及猴子的肉，不肯吃别的东西，平常住在水里或土壤里的细菌，到了人或动物的身上就要饿死。然而"结核杆菌"及"鼠疫杆菌"等这些穷凶极恶的病菌就很调皮，它们在离开人体到了外界之后又能暂吃别的东西以维持生活。在吃的方面，细菌还有一种和人类差不多的脾气，我们不可不知道的，就是太酸的不吃，太咸的不吃，太干的不吃，太淡而无味的也不吃，大凡合人类的胃口也就合它们的胃口。所以人类正在吃得有味的东西，想不到它们也在那里不露声色地偷着吃。

细菌的住是和食连在一起的，吃到哪里就住到哪里，在哪里住就吃哪里的东西，它们吃的范围是这样的广大，它们住的区域也就无止境了。而且它们在不吃的时候也可以随风飘游，它们的子孙便散布于全地球了（别的星球有没有细菌我们还没有法子知道。从前德国有一位科学家特意坐气球上升到天空去拜访空中的细菌，他发现离地面 4 000 米之高还有好些细菌在那里徘徊）。大部分细菌都是以土壤为归宿，而以粪土中所住的细菌为最多，大约每 1 克重的粪土住有 115 000 000 个细菌。由土壤而入于水，便以水为家，到了人及动植物身上，便以人及动植物的身体为家。还有一种细菌叫作"爱热菌"，在温泉里也可以过活。

　　好多种细菌身上都有一根或多根活泼而轻松的鞭毛。这鞭毛鼓舞起来，它们便可在水中飞奔，"伤寒杆菌"能于 1 小时之内渡过 4 毫米长的路程。这一点的路在细菌看来实在远得很，因为它们的身长尚不及 2 微米，而 4 毫米却是 2 微米的 2 000 倍。"霍乱弧菌"飞奔得更快，它们可于 1 小时之内渡过 18 厘米长的路程，比它们的身体长 9 万倍，别的生物都不能跑得这样快。然而细菌若专靠它们自己的鞭毛游动究竟走得不远。它们是喜欢旅行，喜欢搬家的，于是不得不利用别的法子。它们看见苍蝇附在马尾犹能日行千里，老鼠伏在船舱里犹能从欧洲搬到亚洲，它们何不就附在苍蝇和老鼠身上,岂不是也可以游历天下么？于是蚊子苍蝇就成了它们的飞机，臭虫跳虱就成了它们的火车，鱼蟹蚝蛤就成了它们的轮船，自由自在地到处观光。不仅如此，它们还会骑人，在这个人身上骑一下又跳到别个人身上骑一下，你看，在电车上，在戏院里，在一切公共场所，这个人吐了一口痰，那个人说话口沫四溅，都是它们旅行的好机会呀。

细菌的大菜馆

人类开始的那一天，亚当和夏娃手携手，赤足露身，在伊甸河畔的伊甸园中，唱着歌儿随处嬉游，满园树木花草香气袭人。亚当指着天空一群飞鸟，又指着草原上一群牛羊，对夏娃说："看哪！这都是上帝赐给我们的食物呀。"于是两人一齐跪伏在地上大声祷告，感谢上帝的恩惠。

这是犹太人的宗教传说。直到如今，在人类的半意识①中，仍都以为天生万物皆是供人类的食用、驱使、玩弄而已。

希腊神话中，奥林匹斯山上一切天神都是因人而设，如爱神司爱、战神司战、谷神司食，因为人而创出许多神来。

我们古老国家的一切山神、土地公公、灶君、城隍也都是替人掌管，为人而虚设其位。

这些渺渺茫茫的无稽之谈都含有一种自大性的表现，自以为人类是天之骄子，地球上的主人翁。

自达尔文的《物种起源》出版，就给这种自大的观念迎头一个

①半意识：即潜意识。

痛击，他用种种科学的事实，说明了人类的祖先是猴儿，猴儿的祖宗又是阿米巴（变形虫），一切的动物都是远亲近戚。这样一说，人类又有什么特别贵重呢？人类不过是靠一点小聪明，得到一些小遗产，走了运，做了生物的官，刮了地球的皮，屠杀动物，砍折植物，发掘矿物，以饱自己的肚皮，供自己的享乐，乃复造出种种邪说，自称为万物之灵。

布伦费尔先生，美国的一位先进的细菌学家，正在约翰·霍普金斯大学医院实验室里，穿着白衣，坐在黑漆圆凳子上，俯着头细看显微镜下的某种大肠杆菌，忽然听见我讲到"饱自己的肚皮"一句，不禁失声大笑。他没有转过头来，接着就说，带有一半不承认我的话的口气：

"饱谁的肚皮呀？恐怕不仅饱人类自己的肚皮吧，你就想不到人类的肚子里还有长期的食客、短期的食客、来来往往临时的食客呀？一个个两条腿走来走去的动物，还是细菌的游行大菜馆呀。"

我本来处于孤单的处境，硬着胆说了前面的一篇话，已预计会被听众包围问难，被他这一问，倒惊退一步。但他不等我回答，又站起来，回过身倚着实验桌，接着侃侃而谈：

"不仅人类的肚皮是细菌的菜馆，狮虎熊象、牛羊犬鼠、燕雁鸦雀、龟蛇鱼虾、蛤蚌蜗螺、蜂蚁蚊蝇，乃至于蚯蚓蛔虫，举凡一切有脊椎和无脊椎的动物，只须有一个可吃的肚皮或食管，都是细菌的大小菜馆、酒店。不但如此，鼻孔喉咙还是细菌的咖啡馆，皮肤毛管还是细菌的小食摊，而地球上一沟一尘、一瓢一勺，莫不是它们乘风纳凉、饮冰喝茶之所。细菌虽小，所占地盘之大，子孙之多，繁殖之速，食物之繁，无微弗至，无孔不入，诚人类所不敢望其肩项。所以这世界的主人翁、生物的首席，与其让人类窃称，不如推举细菌。"

他说到这里顿了一顿，我赶紧含笑插进去说：

"然则弱小细微的东西从今可以自豪了。你的话一点都不错，强者大者不必自鸣得意，弱者小者毋庸垂头丧气。大的生物如恐龙巨象，因为自然界供养不起，早已绝种。现在以鲸鱼为最大，而大海之中不常见；老虎居深山中，奔波终日，不得一饱，看见丛林里一只肥鹿，喜之不胜，又被它逃走了；蚂蚁虽小，而能分工合作，昼夜辛勤，所获食料，可供冬日之需。生物愈小，得食愈易。我不要再拖长了，现在就请布伦费尔先生给我们讲一点细菌大菜馆的情形吧！"

布伦费尔先生是研究人类肚子里的细菌的专家，他深知其中的奥妙。于是这位穿白衣的科学先生又开口了。这一次，他提高嗓子，用庄严而略带幽默的态度说：

"我们这一所细菌大菜馆，一开前门便是切菜间，壁上有自来水，长流不息，菜刀上下，石磨两列，排成半圆形，还有一个粉红色活动的地板。后面有一条长长的甬道，直达厨房。厨房是一只大油锅，可以放缩，里面自然产生一种强烈的酸汁，一种神秘的酵汁。厨房的后面，先有小食堂，后有大食堂，曲曲弯弯，千回百转，小食堂备有咖喱似的黄汁以及其他油呀醋呀，一应俱全。大食堂的设备较为粗简，然而客座极多，可容无数万细菌，有后门，直通垃圾桶。

"形形色色的菌客、菌主、菌亲、菌友，有的挺着胸膛，有的弯腰曲背；有的圆脸儿涂脂搽粉，有的大腹便便；有的留个辫子，有的满面胡须；或摇摇摆摆，或一步一跳；或循循而入，或昂然直入；有从前门，有从后门。

"从前门而入者，多留在切菜间，偷吃菜根肉糜齿垢皮屑。然而常为自来水所冲洗，立脚不定。不然，若吃得过火，连墙壁、地板、刀柄都要吃，于是乎人就有口肿、舌烂、牙痛之病了。

"这一群食客里面，最常来光顾的有六大族。一为圆脸蛋儿的'小球菌'，二为像葡萄的'葡萄球菌'，三为珠脸儿的'链球菌'，四为硬挺挺的'阳性格兰氏杆菌'，五为肥硕的'阴性格兰氏杆菌'，六为弯腰曲背的'螺旋菌'，这些怪姓，经过一次介绍，恐你们仍记得不清啊。

"在刷牙漱口的时候，这些无赖的客人，一时惊散，但门虽设而常开，它们又不请自来了。

"婴儿呱呱坠地的一刹那间，这所新菜馆是冷清清的，无声无息的。但一见了空气，一经洗涤，细菌闻到腥秽的气味，就争先恐后，一个个从后门跟踉而入。假如将婴儿的肛门消毒，再用一条无菌的浴巾封好，则可经 20 小时之久，一验胎粪仍杳然无菌迹。一过了 20 小时之后，纵使后门围得水泄不通，而前门大开，细菌已伏在乳汁里面混进来了。

"在母亲的乳汁中混进来的食客以'乳杆菌'一族为最多，占99%，其中有时夹着几个'肠球菌'及'大肠杆菌'。

"假如母亲的乳不够吃，又不愿意雇奶妈，而去请母黄牛做奶娘，由牛奶所带来的细菌，就五光十色了。最多数的不是'乳杆菌'，而是'乳酸杆菌'了。此外还有各种各样的'大肠杆菌''肠球菌''阳性格兰氏需气芽孢杆菌''厌氧菌'等，甚至有时混着一两个刺客，如'结核杆菌'，那就危险了，所以没有严格消毒过的牛奶，不可乱吃呀！

"在成年人肚子饿的时候，油锅里没有菜煮，细菌也不来了。一吃了东西，细菌跟着进来，厨房里就拥挤不堪。但是胃汁是很强烈的，它们才吃半饱，都已淹死了，只有几种'抗酸杆菌'及'芽孢杆菌'还可幸免。但是有胃病的人，胃汁的酸性太弱，细菌仍得以自全，并且如'八叠球菌''寄腐杆菌'等竟毫无顾忌地就在这厨房里组织新家庭，生出无数菌儿菌孙，而使那病人的胃一阵一阵地痛了。

"过了厨房，就是小食堂。那里食客还不多。然而食客到了食堂就流连不忍去，于是有好些都由短期食客变成长期食客了，这些长期食客中以'大肠杆菌'为最主要。它的足迹走遍天下菜馆，不论是有色人种也好，无色人种也好，它都认得，每个人的肠内都有它在吃。"

说到这里，白衣科学先生用他尖长的右手的食指，指着桌上那一架显微镜说：

"我在显微镜上看的就是这一种'大肠杆菌'，其余的食客恕我不一一详举。

"一到了大食堂，就热闹起来。摇头摆尾，挤眉弄眼，拍手踏足，摩肩攘臂，济济一堂，尽是细菌亲友、细菌本家。有时它们意见不合，争吵起来，扭作一团，全场大乱，人便觉得肚子里有一股气，放不出来。

"快到后门，菜渣和细菌及咖喱似的黄汁相拌，一变而为屎。一斤屎有四五两细菌哩。然而大部分都是吃得太饱胀死了。

"以上所述，都是安分守己的细菌，还有一群专门捣墙毁壁的病菌，那我们不称它们作食客，简直叫它们作刺客、暗杀党了。这就再请别位的专家来讲吧！"

人类的生活

细胞的不死精神

嘀嗒嘀嗒……嘀嗒又嘀嗒。

壁上的挂钟，不停地摇响，在催着我们过年似的。

不会停的啊！若没有环境的阻力，只有地心的吸力，那挂钟的摇摆，将永远在摇摆，永远嘀嗒嘀嗒。

苹果落在地上了，江河的潮水一涨一退，天空星球在转动，也都为着地心的吸力。

这是 18 世纪，英国那位大科学家牛顿先生告诉我们的话。

但我想，环境虽有阻力，钟的摇摆虽渐渐不幸而停止了，还可用我的手，再把发条开一开，再把钟摆摆一摆，又嘀嗒嘀嗒地摇响不停了。

再不然，钟的机器坏了，还可以修理的呀。修理不行，还可以拆散改造的呀。

我们这世界，断没有不能改良的坏货。不然，收买旧东西的，便要饿肚皮了。

钟摆到底是钟摆，怕的是被古董家买去收藏起来，不怕环境有

115

多么大的阻力，当有再摇再摆的日子。

地心的吸力，环境的阻力，是抵不住、压不倒人类双手和大脑的一齐努力抗战啊。你不看，一架一架，各式各样的飞机，不是都不怕地心的吸力，都能远离地面而高飞吗？

这一来，钟摆仍是可以嘀嗒嘀嗒地不停了。也许因外力的压迫，暂时吞声，然而不断地努力、修理、改造，整个嘀嗒嘀嗒的声音，万不至于绝响的啊！

无生命的钟摆，经人手的一拨再拨，尚且永远不会停止；有生命的东西，为什么就会死亡？究竟有没有永生的可能呢？

死亡与永生，这个切身的问题，大家都还没有得到一个正确的解答。

在这年底难关大战临头的当儿，握着实权的老板掌柜们，奄奄没有一些儿生气，害得我们没头没脑，看见一群强盗来抢，就东逃西躲，没有一个敢出来抵抗，还有人勾结强盗以图分赃哩。真是1935年好容易过去，1936年又不知怎样。不知怎样做人是好，求生不得，求死不能，生死的问题愈加紧迫了。

然而这问题不是悄悄地绝望了。

我们不是坐着等死，科学已指示我们的归路、前途。

我们要在生之中探死，死里求生。

生何以故会生？

生是因为在天然的适当环境之中，我们有一颗不能不长、不能不分的细胞。

细胞是生命的最小、最简单的代表，是生命的起码货色。不论是穷得如细菌或阿米巴，一条性命，也有一粒寒酸的细胞，或富得像树或人一般，一身也不过多拥几万万细胞罢了。山芋的细胞，红

葡萄的细胞，不比老松老柏的细胞小多少。大象、大鲸的细胞，也不比小鼠、小蚁的细胞大多少。在这生物的一切不平等声浪中，细胞大小肥瘦的相差，总算差强人意吧。

这细胞，不问它是属于哪一位生物，落到适合于它生活的肉汁、血液，或有机的盐水当中，就像磁石碰见着铁粉一般高兴，尽量去吸收那环境的滋养料。

吸收滋养料，就是吃东西，是细胞的第一个本能。

吃饱了，会涨大，涨得满满大大的，又嫌自己太笨太重了，于是不得不分身，一分而为二。

分身就等于生孩子，是细胞的第二个本能。

分身后，身子轻小了一半，食欲又增进了。于是两个细胞一齐吃，吃了再分，分了又吃。

这一来，细胞是一刻比一刻多了。

生物之所以能生存，生命之所以能延续下去，就靠着这能吃能分的细胞。

然而，若一任细胞不停地分下去，由小孩子变成大人，由小块头变成大块头，再大起来，可不得了，真要变成大人国的巨人，或竟如希腊神话中的擎天大汉，或如佛经中的须弥山王那么大了。

为什么人一过了青春时期，只见他一天老过一天，不见他一天高大过一天呢？

是不是细胞分得疲乏了，不肯再分哪？有没有哪一天哪一个时辰，细胞突然宣告停业了倒闭了呀？

细胞的靠得住与靠不住，正如银行、商店的靠得住与靠不住，不然，人怎么一饿就瘦，再饿就病，久饿就死呢？不是细胞亏本而招盘么？那么，给它以无穷雄厚的资源，细胞会不会超过死亡的难关，而达于永生之域呢？

这是一个谜。

这个谜，绞尽了几十个科学家的脑汁，费光了好几位生理学者的心血，终于是打破了。

1913年，有一天，在纽约，在那一所煤油大王洛氏基金所兴建的研究院里，有一位戴着白金眼镜的生理学者——葛礼博士，手里拿着一把消毒过的解剖刀，将活活的一只童鸡的心取出，他用轻快的手术，割下一小块鲜红的心肌肉，投入丰美的滋养汁中，放在一个明净的玻璃杯里面。他立刻下了一道紧急戒严令，长期不许细菌飞进去捣乱，并且从那天起，时时灌入新鲜的滋养汁，不使那块心肌肉的细胞有一刻饿。

自那天起，那小小一块肉胚，每过了24个钟头，就长大了一倍，一直活到现在。

前几年，我在纽约城参观洛氏研究院，也曾亲见过这活宝贝，那时候它已经活了16年了，仍在继续增长。

本来，在鸡身内的心肉只活到一年，就不再长大了。而且，鸡蛋一成了鸡形，那心肉细胞的分身率，就开始退减了。而今这个养在鸡身以外的心肉细胞，竟然已超过了死亡的境界，而达到永生之域了。至少，在人工培养之中，还没有接到它停止分身的消息啊！

葛礼博士这个惊人的实验证实了细胞的伟大。

细胞真可称为仙胞，它有长生不死的精神与力量。只可惜为那死板板的环境所限制。一颗细胞，分身生殖的能力虽无穷，恨没有一个容纳这无穷之生的躯壳，因而细胞受了委屈，生物都有死亡之祸了。

说到这里，我又记起那寒酸不过，一身只有一粒细胞的细菌。

它们那些小伙伴当中，有一位爱吃牛奶的兄弟，叫作"乳酸杆菌"。当它初跳进牛奶瓶里去时，很显出一场威风，几乎把牛奶的精华都吃光了。后来，谁知它吃得过火，起了酸素作用，大煞风景了。因为在酸溜溜的奶汁里，它根本就活不成。

这是怪牛奶瓶太小，酸却集中了。设使牛奶瓶无限大，酸也可以散至"乌有之乡"去。那杆菌也可以生存下去了。

这是细菌的繁殖，也受了环境的限制。

环境限制人身细胞的发展，除了食物和气候而外，要算是形骸。

形骸是人身的架子，架子既经定造好了，就不能再大，不能再小，因而细胞又受着委屈了。

据说限制人身细胞的发展，还有"内分泌"咧。

内分泌，这稀奇的东西，太多了也坏事，太少了也坏事，我们现在且不必问它。

用人手一拨，钟摆可以不停。

用人工培养，细胞可以永生。

人生七期

由初生到老死，这个路程，是谁都要走过的。不过，有的人不幸，在半道得了急症，或遇到意外，没有走完这条路，突然先被死神抓去了，那是例外。

在生之过程中，发育和衰老同时进展。我们一天一天地长成，也同时一天一天地老迈了。小孩子一个个都巴不得即刻变作成人，但成人一转眼就都老了，都变成老头儿了。这个由小而大、由大而老之间，其实没有界限可分。天天在长，就是天天在老。生之日益多，死之辰益近。不过看哪一种成分显得格外分明，而把一条生命线强分为数段也可。大约看来，在25岁以前，发育的成分多，25岁以后，则衰老的成分渐多了。

16世纪，英国的大诗翁莎士比亚有过一篇千古不朽的名诗，由婴儿起到暮年止，把人生分为七期，描写得极其生动逼真。大意是这样说的：咿咿唔唔在奶娘手上抱的是婴儿；满面红光，背着书包儿，不愿上学去的是学童；强吻狂欢，含泪诉情，谈着恋爱的是青年；热血腾腾，意气甚强，破口就骂，胆大妄为的是壮年；衣服

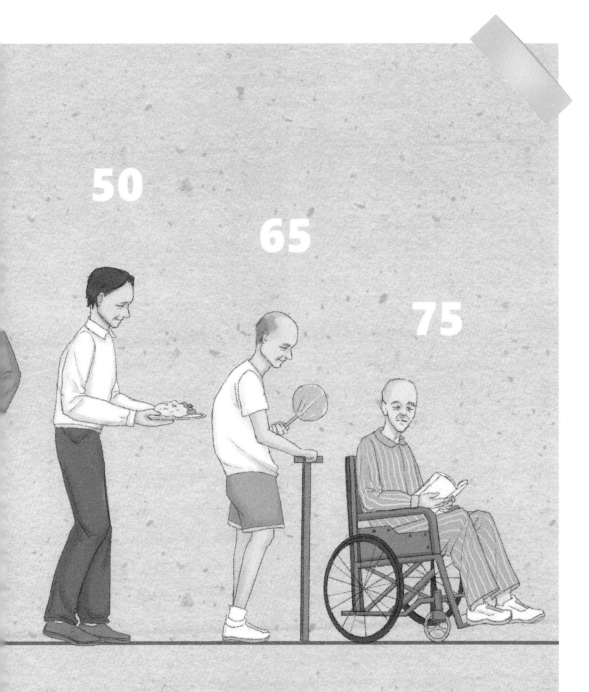

50

65

75

齐整，面容严肃，大声方步，挺着肚子的是中年；饱经忧患，形容枯槁，鼻架眼镜，声音带颤的是老年；塌了眼眶，没有了牙齿，聋了耳朵，舌头无味，记忆不清，到了尽头的是暮年。这样把人生一段一段地分析下来，真有意思呀。

但是，莎士比亚的人生七期，是看着人情世态而描写的。我们现在也要把人生分作七期，却是依照生理学上的情形而分的。这七期，不自婴儿始，以子宫内受孕的母卵为起点。

自母卵与精虫相遇，受了精以后，立时新生命就开始了。自开始至三个月，为第一期。这一期的变化，突飞猛进，最为奇特。在这一期里，母卵不过是直径不满1/700英寸的一颗圆圆的单细胞，内中却早已包含着成人所必须具备的一切重要的结构了。在这期里，还有几种结构，为成人所没有的，如第三个星期，有鱼鳃的裂痕出现；如第六个星期，有尾巴出现。自演化论者看来，这分明显出，人是鱼的后身，兽的子孙了。由母卵一个单细胞起，一变二，二变四，四变八，不断地变，到了第三个月，人的雏形已经完成，但仍是小得很，要用显微镜才看得清楚。这一期叫作胚胎期。

第二期是胎儿期，由第三个月起至脱离母体呱呱坠地时为止，大约有六七个月头吧。在这一期里，并没有添出什么花样，细胞仍是在变多，已完成的雏形渐渐长大，渐渐加重，渐渐成熟罢了。

在温暖的子宫内的胎儿，不会感到饥饿和窒息的恐慌。他所需要的食料和氧气，都向母亲的血液里支取，都由胎盘输进脐带，送给他的。

在诞生的时候，这种食料和氧气的自由供给，突然终止。于是新生的婴儿，不得不哇的一声大哭，打通了两道鼻孔，顿时鼓动自己的肺叶，呼吸外界的新鲜空气。又哇的一声大啼，张开自己的小口尽力吸收甜美的乳汁，运用自己的胃和肠来消化食物。

这种食料供给的突变，对于发育的过程，并无重大的影响。不过在初生下来头三天，婴儿的体重略有低减。这多半是因为分娩后那几天乳量不足的缘故，不久就复了常态。

由呱呱坠地到 2 岁乳齿长出的时候，是为第三期，叫作婴儿期。

接着，就是第四期，即幼童期，由 3 岁起，在女童到 13 岁止，在男童到 14 岁止。在这一期里，年年体重均有增加，每年约增 9%。这就是说，例如，体重 40 磅的儿童，每年增加 3.6 磅；体重 70 磅的儿童，每年增加 6.3 磅。假使不生疾病，不遇饥荒，这时期里体重的增加，就可以一直向上无阻了。

到了第五期，就是最宝贵的青年时期了。如春天的花一般，一朵一朵地开出来，红艳可爱，一个个女儿的性格，一个个男子的性格，很奇幻而巧妙地在这一期里长成了。一夜之间，不知不觉地由娇羞的童女，一变而为多色多姿的妇人；由顽皮的童子，一变而成大声大样的男人。这期间固有不少不平等、参差不齐的形态与资质啦。

青年期，在女子，她的标志是：月经的来临，骨盆的长大，乳峰的突起及阴毛的出现，这大约在 13 周岁与 14 周岁之间就发生了。

青年期，在男子，他的记号是：面部的胡须有了几根了；下部耻骨间的黑毛也一条一条地出来；同时好像喝了什么葫芦里的药，小孩子又尖又脆的高音，忽然变成又粗又重的沉音了。

在滋养得宜的时候，这一期里，体重和身长的增加比儿童的时期还来得快，大约可由每年 9% 增加到每年 12%。不过，贫苦的大众，平日都没有吃饱，营养不足，又怎能达到这样高速度的发育呢？

青年期的发育，是跟性的本能有关联的。割去生殖器的男童，到了青春发育的时期，就不会发生如平常男子一般的变化。从前清官里的太监，就是这一例。这些太监，又不像男，又不像女，口音总是尖脆，额下从来不生胡须。

美国密苏里大学有一位解剖学教授亚冷先生，他曾把某种动物的生殖器割去，那动物的发育因此迟缓了，又将各种生殖器的组织制成溶液，注射入那动物的体内，于是那动物体内某部分的发育又激增了。

但是由这青春的发动而使发育激增这种现象并不能维持长久。大约过了两年之后，发育的速度就很快地跌下去了。满了22周岁的当儿，体重和身长都已发育完全，不再前进了。

不论怎样，到了23周岁那一年，一切体格的生长，都宣告了终止。虽然在20岁至30岁之间，自体力方面看去，是我们一生最强盛的时代。运动健儿能创造新纪录,夺得锦标的,都在这时期内。

过了30岁，一切的体力、体能，就江河日下了。

大概是50岁那一年吧，妇人的月经告别，她的生殖时代就成为过去的了。

在男子，生殖的机能，虽不似妇人那样的突然中断，然而一过了35岁之后，也就一天不如一天了。

男子一过了35岁，就一天一天地肥大了。团团的面孔，双重的下巴，厚厚的颈项，都显得隆肿起来了。汗毛越粗，胡子蔓延的区域渐广。笨重的身体，挺着大肚皮，一步一步不慌不忙地走。有福气活到35岁以上的人，多少都有这种福相吧！

然而这些形象，却被科学家认为都是生殖机能渐弱的表示。割去生殖器的雄兽，也就渐渐异常地肥大起来了。割去生殖腺的雄鸟，毛羽也格外粗大。生理学者起初也以为胡子汗毛的加多加粗，是男性发展完全的特征，后来由于阉割雄鸟的实验，以人比鸟，就悟到粗毛粗须是性能渐弱的标记，而在这时期内，男子生殖腺的作用，事实上的确是减弱了。

男子到了 60 岁，生殖的机能就完全终止了。世间有几个老当益壮，66 岁还要割须弃毛再做新郎的贵人呢？

由 25 岁起，女的到 50 岁，男的到 60 岁，是中年期，是一生的中心，是一生最有用的时代，这是第六期。

第七期，60 岁以上的人，就算老了，一轮红日慢慢西沉，终归于万籁俱寂了。至于怎样老法，下一次再谈吧。

人身三流

我由泪想起汗，由汗想起尿。

这是三种有生命的水啊，被压迫而向体外逃亡，所以我称它们作"人身三流"。

人身所流出的水，固不止这三种，而这三种却是最肯抛头露面，而且爽直，不稍存退缩之心的。

中国人的传统观念，总以为地位尊崇者，他的一切就高人一等。因此，在这人身的三流里面，泪的位置最高，也可以自称为上流了。汗的位置，上上下下，几遍于全身，只可称为中流。尿呢，那就是被人所贱视的下流了。

尿之不如汗，汗之不如泪，似乎是当然的道理。

以古今诗人雅士，吟诗作赋，免不了说一两句伤心话，不是断肠，就是落泪，几乎非泪不足以表其多情。泪总是多情的产物罢。于是泪就可比茶一般的清高了。

一到了汗，他们就有些讨厌这个了。然而诗人到了夏天就有苦热诗了，在苦热诗里，又似乎非汗不足以写其苦。

至于尿，这卑鄙下贱的东西，用它骂人出气还可以，绝不可以入诗文，就是俗人的谈话，也都极力避免用尿字。

其实，这是不公平、不正确的。

我们都被传统的观念所束缚、所蒙蔽了。

尿、汗、泪三者都是人身的外分泌，干净时，一样的干净，龌龊时，一样的龌龊。

察其来源，它们都是从血液里面逃出来的流民。

观其内容，尿最丰富，汗次之，泪最淡泊。然而都是一样的带点酸性的盐水，都含有一些"尿素"之类的有机化合物，还有别的，这里暂不提。

论其功用，尿最伟大，汗副之，泪就在可有可无之间了。

泪的故乡是在眼角和鼻骨之间的泪器。泪时时都伏于那泪器的门口观望，有时出来巡逻，洗洗眼珠，清清眼皮，偶尔堕入鼻子的深渊，无底洞，就成为一种鼻涕了。

泪在心理上颇占地位，人都认为它和悲哀的情感有关系，这是因为泪器的细胞和大脑派出的神经有直接联络。然而有时笑也会出眼泪；眼睛受了辣椒、烟雾的刺激，也会出泪；又有所谓流泪弹（催泪弹）之类的毒品，专使我们出大量的泪。这可见泪实是眼睛的警备队、保护者了。

人本是流泪的生物。自初生到老死这一个过程中，流泪的机会多着哩。但中国人的眼泪是用得太滥了，各自为着一身一家的疾痛，而流出一点一滴的泪，那泪是弱小而无聊的。

然而泪终于是弱者的武器，单靠它来救亡图存，那力量是太薄弱了。

泪之后，还须继之以汗。

汗的原籍是皮肤里面的汗腺。全身的皮肤，除了外耳道、包皮、龟头之外，都有汗腺，而以手掌足底的肝腺为最多。人身皮肤汗腺的总计，大约在 200 万以上罢。

汗腺出汗的多少是没有一定的。这要看四周空气的情形，寒暖如何，干湿如何。多跑多动，也会出汗。有时人们受了突然的惊吓，也会吓出一身冷汗来，汗也被情感所支配了。据说，在平时，就是穿长衫的人们，平均每 24 小时，也要出汗 2~3 升。这是皮肤受了衣服的包围，那里面的热气常在 32℃ 左右，所以无形之中，时时都在出汗了。

不过，这汗不是水而是气。大约要过了 33℃ 的"界点"，汗气才一变而为汗水。

汗水和汗气的分界，也可以说就是劳力和劳心的分界罢。

汗水里面的宝贝，除了盐和水之外，还有尿素、尿酸、肌酸、石炭酸、蛋白素之类的杂烩。而以尿素的成分为最主要。

刚洗完蒸汽浴，或经过一番强烈的运动之后，满头满身，淋淋滴滴，都是热汗，而那些汗珠里面，尿素的成分就顿时加了许多。

有的人听了这话，就有些不愿意，而且不大相信，以为尿素这下流东西，也配在我头上、身上作威作福吗？

然而这是生理上的事实。

原来尿和汗还是亲家，尿之尿素减少，则汗之尿素加多；汗之尿素少，则尿素都跑回尿那边去了。而其来去的主权，则大脑派有特别神经，暗中操纵。

尿的历史就较为复杂了。现代疾病的诊断，又往往非做尿的检查不可，都是想从尿水里追寻出疾病的脏物。尿的出身，虽甚下贱，它的先前性状又极神秘，而它却是牺牲了自己而出奔——有的说是被压迫而逃亡——调和了血液，保全了全体，大有功于人身。将来如有空闲，也拟替它作一篇正传。这里所要谈的，不过举其大概罢了。

它的大本营是肾，膀胱是它的行营。

肾是一副多管的腺，俗称腰子，又号腰花，常常被人误认为男子生殖器的睾丸。其实睾丸自是藏精之宫，而肾却是尿的制造所了。

在这每个制造所里面，约有 200 万颗小球——肾小球——无数微血管密密地分布于此。

这么多的肾小球，又都被小球囊所包围。小球囊和肾小球之间，只隔了两层薄薄的膜：一层是微血管的外皮，一层便是肾小球的外皮。

那小球囊的空间，就是尿管的起点。

尿管起初是弯来弯去，千回百转，所以叫作盘曲的小管，后来才变成直直的一条，出了肾，直通尿道，而达于膀胱了。

肾，这制尿局，其结构是如此细微而繁复，于是生理学者，研究了再研究，在显微镜下，眼都看红了，还是纷纷论战，各执一说，还不能解决尿是怎样制造的这个问题。

有一派说，血一到了肾小球的微血管，因受大血管里的高血压所迫，只得透过了那两层薄膜，到了小球囊的空间，而变成尿。可是那尿是太稀了，于是当流过了盘曲的小管的时候，在途中，就有一部分又被两旁的外皮细胞所吸收了，其余的渐渐成了浓尿的本色。

又有一派也承认，尿是血所滤过的东西。不过，他们以为，在小球囊的尿，还不是完整的尿，而只是些无机盐和水，所以稀。后来，在盘曲小管的途中，又有一批尿素、阿摩尼亚之类的有机物，从两旁的外皮分泌出来，加入尿的洪流中，于是就浓了。

这两说，各有其道理，其实验根据，等他们决定了，再叙罢。

现在我们只认尿是血的后身就够了。

血是最受人敬重的，我们又怎么能过于看不起尿呢？

尿有时酸性，有时淡。这是间接受了食物的影响。吃肉的人，尿是酸性，吃素的人，尿近于淡。尿若变成了碱性，那是细菌这小贼儿的恶作剧。

尿的内容，除了守本分的无机盐和水之外，杂色的分子极多。主席的当然是尿素。其余出席的有尿酸、肌酸、马尿酸、草酸、硫酸盐、氧化酸、氮化酸、氮气、碳酸气、尿色素、尿胆素，各有各的来历与背景，还有有时列席有时缺席者不计外，真是济济一堂。这些名目都是抄自一位化学者的记录。

然而有人读了，就要生疑了。那姓马的尿酸怎么也会杂在里面，人尿里难道也会有马尿么？

本来科学名词都有些奇特，我们若认真起来，就很吃力。马尿酸，本是吃草的动物如马之类的尿中所常有。人及吃肉的动物，难得有。但人若常吃素，尿里就来了大量的马尿酸了。

反之，尿酸乃是吃肉的记号。所以尼姑、和尚之流，若开了荤偷着买肉吃，尿里面马尿酸的成分变成了尿酸，这是瞒不过实验室里的化验员的。

尿的质既是这样琳琅富丽，尿的量也很可观。成年男子在 24 小时之内所分泌出尿的总量，普通都有 1 500 至 1 700 毫升之多。当然水喝得愈多，尿也就愈多，喝了茶、咖啡之类的饮料，尿也较多。这是常人所知道的。尿实是血过剩的去路啊。

然而，有人就要问了，尿何以恶臭难闻，它不是屎之流么？这又是传统的误会了。

尿与屎并论，是尿百世之冤恨。屎是食物的渣滓，和以胆汁，又有粪臭素、硫化氢之类的臭物，细菌成兆成亿地在那里寄生。虽居人身的腹地，并未曾受人肉的同化。

尿是血的分泌。血清尿也清，血浊尿也浊。血糖有过剩，是肝的不中用，而尿就成为糖尿了。

尿的本味，就是阿摩尼亚的本味，是一种单纯的药味，昏迷的人闻了，还可以大醒。

尿所以恶臭，是离了人身之后而变成的。这不是尿之本身的罪状，而是细菌的罪状。给细菌吃饱过了的东西，就是汗，就是泪，就是血，就是肉，有哪一件不臭呢？

血的冷暖

在动物世界里，有冷血动物和暖血动物之分，这种区别究竟在哪里呢？

为了回答这个问题，得先追查一下，动物身上的热气是从什么地方发出来的。

有些人认为：热大半都是由摩擦而发生，动物身上的热气，也是血液和血管之间的摩擦而产生的。

这种说法，一直到18世纪末叶，还盘踞在人们的脑子里。

直到氧发现后不久，法国化学家拉瓦锡才指出：动物的热气也是一种燃烧或氧化作用。他以为：生理上氧化作用的地点是在肺部，血液一到了肺部，它所含有的碳水化合物就和吸进去的氧化合，产生了水和二氧化碳，同时放出了大量的热。

后来，生理学者的实验又证明了：体热的发生，应当归功于全身血液，不仅限于肺。

又经过多年的争论，科学界才一致公认：体热不是单单从血液里产生，而是由全体细胞负责。氧运到了各细胞里，才开始氧化而产生热。血液所担任的只是运输和分配的工作，由于它的循环流动，能把过剩的热送到过冷的部位去，互相调整。

除了生病发烧以外，动物的身体都能经常保持一定的温度。这是由于它们的体内有一种管束体温的机能。

以上的结论，是由观察暖血动物而得来的。至于冷血动物呢？它为什么有这样的称呼呢？是不是因为它的身体都是冷冰冰的，没有一丝热气呢？

一般说来，动物的血液所以有冷暖之分，是根据它们的体温和外界空气的比较而定。那么，人和鸟兽之类的动物，号称暖血，是不是它们的血液比空气热呢？爬虫、青蛙和鱼之类的动物，号称冷血，是不是它们的血液比空气冷呢？

事情不是这样简单。

暖血动物的体温不受环境的影响，不论是在夏天还是在冬天，不论四周空气是比身体热还是冷，它们的体温都不会发生什么变化。所以暖血动物不如叫作"有恒体温的动物"。

冷血动物的体温就有伸缩性了。在冬天，它们的体温常常是低的，低到和四周的空气或水相近；在夏天，环境的温度加高，它们的体温也随着上升。它们在冷的环境中才变成冷血，所以还不如叫作"无恒体温的动物"。

暖血动物能维持一定的体温，是由于它们氧化的力量很强盛，而且具有管束体温的机能。

冷血动物的氧化力量薄弱，又没有管束体温的机能，即使有，也不十分发达。还有冬眠动物，它们的体温介于暖血和冷血之间，也具有管束体温的机能，在平常的日子里，都能维持一定的体温，但遇到极冷的时候，它们就不能维持了。所以在冬眠期间，它们的体温几乎和周围的空气一样。

勤劳的蜜蜂过着集体生活，它的蜂群有时候被称作昆虫中的暖血者，这是由于它们的辛勤劳动产生了热气，能调节和维持蜂巢内的温度。

恶毒的蛇，是爬虫类的后代，它们的体温有时比环境只高出2℃ ~ 8℃。有的爬虫也略具有管束体温的机能，可以防止体温升得太高。例如它们一到了太热的时候，就不得不喘气，喘气就是把肺里的水分蒸发了，于是热就消失不少。

总的说来，动物之所以有暖血和冷血之分，是由于它们对于环境气候的反应存在着生理上的分歧。

声——爆竹声中话耳鼓

在首都，旧历新年的爆竹声，已不如从前那样通宵达旦、迅雷急雨般的齐鸣了。

不知被甚风吹走，今年的爆竹声，虽仍是东止西起，南停北响，但须停了好一会儿，才接着响下去，无精打采的，既像疏疏的几点雨声，又像檐下的滴漏，等了许久，才滴一滴。

在这国难非常严重的年头，凡有带点强为庆贺，强为欢笑之意的声调，本来就不顺耳，索性大放鞭炮，热闹一番，倒也可以稍稍振起民气，现在只有这不痛不痒的疏疏几声，意在敷衍点缀新年而了事，听了更加不耐烦了。

不耐烦，有什么法子想呢？

色、声、香、味、触，这五种特觉，只有声是防不胜防，一时逃避不出它的势力范围。声音一发，听不听不能由你。这责任一半在于声音的性质，一半在于耳朵的构造。

声音是什么呢？

声音是一种波浪，因此又叫作音波。这音波在空气中游行，空气的分子受了振荡，一直向前冲，中间经了无数分散而凝集，凝集而又分散的曲折。

音波是由发音体发出来的，起先一定是发音体先受了振荡，所以两个坚实的物体互相抨击就可以成音。这音波是一波未平，一波又起的，而每一波的长度都不相等，有时相差很远。

大凡合于音乐的音波，我们常人的耳朵所听得到的，它的波长，长的不过12至21米，短的只在25毫米之内。

这些音波在空气中飞行极快，平均的速率，每秒钟能行33至36米，但也要看所穿过的空气的寒暖程度如何。

不论怎样，这些合于音乐的音波，是有规则的，有韵节的。

不合于音乐的音波，就是乱七八糟没有一点儿规律、没有韵节的了，所以听了就讨厌。

在从前，新年的爆竹声，家家户户合奏像一阵一阵的交响曲，使人非常高兴。今年的爆竹声，受了当局不彻底的禁止，受了民间不景气的潮流的影响，好久，好久忽儿发出三四声，短而促，真是不痛快而讨厌。

这是声音的不协调，而叫我感到不耐烦。

耳朵的结构是怎样的呢？

在我们的头颅上，两旁两扇翅膀似的耳翼，是收集音波的机器。在有的动物身上，它们还会听着大脑的指挥而活动的，然而它们的价值只是加强了声音的强度和辨别音波的来向罢了。

不谙生理学的中国人，尤其是星相家之流的人，太看重了这两扇耳翼，以为耳的宝贵尽在这里，而且还拿它们的大小作为富贵和寿命的标准。如老子耳长7寸，便以为寿，刘先主目能自顾其耳，便以为贵之类的传说。

其实，若不伤及耳鼓，就是割去两扇耳翼，也还听得见，不过声音变得特别一点罢了。这两扇露在外面的耳翼，有什么了不得呢？

　　围着耳翼里面那一条黑暗的小弄，叫作耳道。耳道的终点，是一个圆膜的壁，叫作耳鼓。这耳鼓才是直接接收音波、传达音波的器官。这一片薄薄的耳鼓膜厚不及十分之一毫米，却也分作三层：外层是一层皮肤似的东西，内层是一层黏膜，中间是一层"接连组织"。它的形状有点像一个浅浅的漏斗，而那凸起的尖端，却不在正中央，略略的偏于下面。这样带一点倾斜的不相称的形状，能敏锐地感到音波的威胁而振动。音波的威胁一去，那耳鼓的振动就停止了，所以耳鼓若是完好的，那外来的声音听得很干脆而清晰了。

　　紧靠在耳鼓膜的里面有三颗耳骨：一是锥骨，一是砧骨，一是镫骨，各因其形而得名。这三颗耳骨的那一面是靠着另一层薄膜，叫作耳窗，又名前庭窗。

　　这些耳骨是我们人身上最轻而最小的骨。它们的构造是极尽天工的巧妙，只须小小一点音波打着耳鼓，就可以使它们全部振动，那音波便被送进内耳里面去了。

　　内耳里面是伏有听神经的支脉，叫作耳蜗神经。那耳蜗神经的细胞非常灵便，不论多么低微的声音，它们都能接收而传达于大脑。

　　现在像爆竹这般大而响的声音，我们哪里能逃避不听呢！就是掩着两扇耳翼，空气的分子，既受了振荡，总能传进耳鼓里面去呀。

　　不过，这也有一个限制，空气是无刻不受着振荡，有的振荡的速度太快或太慢，达到了我们的耳鼓上面，就不成其为声音了。

　　我们一般人所能听到的声音，极低微的振动频率，大约是在每秒钟 24 次至 30 次之间。有的人，就是低至每秒钟 16 次的振动频率的音波，也能听见。最高的振动频率，要在每秒钟 4 万次以内，才听得见。

在这里又要看各个人耳朵的感觉如何敏锐了。聋子是不用说了。有的人虽然没有到了聋子的地步，然而对于好些尖锐的声音，如虫鸟的叫鸣，就听不见。

虽然爆竹的声音，它的振动频率不太高也不太低，只要距离得不太远，是谁都能听见的哩！

现在我们国家管事的人对于敌人的侵略，好像虫声鸟声一般唧唧地在那里秘密讨论。它的振动频率太低了，使我们民众很难听得见。而汉奸及卖国者之流，又似乎放了疏疏几声的爆竹，以欢迎敌兵，闹得全世界都听见了，真是出丑，更令我们听了不耐烦。然而又有什么法子想呢？

香——谈气味

气味在人间，除了香与臭两小类之外，似乎还有第三种香臭相混的杂味罢。

植物香多臭少，动物臭多香少，矿物除了硫、硒、碲三者之外，又似乎没有什么气味了。

这些话是就鼻子的经验所得而谈。

香是鼻子所欢迎，臭是鼻子所拒绝，香臭不甚明了的第三种味，也就马马虎虎让它飘飘然飞过去了。

鼻子是两头通的，所以不但外界冲进来的气味瞒不过它，就是口里吞进去的，或胃里呕出来的东西，它也知道。揑着鼻子吃苦药，药就不大苦了。

然而鼻子有时塞住了，如得了伤风及鼻炎之类的疾病，那时就是尝了美酒香果，也是没有平日那么可口了。

气味到底是什么东西组成的，而有这样的矜贵呢？是不是也和光波、音波一样，也在空气中颤动呢？从前果然有人以为气味的游行，也是波浪似的，一波未平，一波又起。而今这种观念却被打破了。

现代的生理学者都以为，气味是从各种物体发出来的细粉。这细粉大约是属于气体罢。既发出之后，就渐散渐远，渐远渐稀，终于稀散到乌合之乡去了。

但若在半途遇到了鼻子，就飘进了鼻房里面，在顶壁下，和嗅神经细胞接触，不论是香是臭，或香臭相混，大脑顷刻就知道了。

据说，同属一类的有机化合物，结构愈复杂，气味也愈浓。这样看来，气味这东西，似乎又是化学结构上"原子量"的一种作用了。

因此，要把世间的气味一一分门别类起来，那问题便不如起初料想的那样简单了。

于是我想鼻子真是一副极灵巧的器官啊，无论什么气味，多么细微，多么复杂，它都能分辨出来。

鼻子在所有特觉当中，资格算是最老的了。

然而文明愈进步，鼻子就愈不灵，生物的进化程度愈高，鼻子的感觉也愈坏。

野蛮民族，如美洲红人、原始人之类，他们的鼻子都比现代人灵得多。他们常以鼻子侦察敌人，审查毒物，而脱离了危险。

狗的鼻子是著名的敏锐了。无论地上留有多么细微的气味，它都能追寻到原主。然而它也只认得熟人的气味，才是好气味。如果是生人，就是你满身都是香，也要对你狂吠几声，因为你不是它的圈子以内的人。

昆虫的嗅觉，似乎也很灵，不然房子里一放了食物，蟑螂、蚂蚁之类的虫儿，怎么就知道出来游历考察呢？

气味的感觉，也是当局者迷，外来者清。鼻子时而倦了，它也只有几分钟的热心。所以古人说："入鲍鱼之肆，久而不闻其臭；入芝兰之室，久而不闻其香。"在生理学上看来，这句老话倒也不错。很多人总不觉着自己屋子里有臭味，一到外头去跑跑，回来就知道了。

气味有时也会倚强欺弱，一味为一味所压迫、所遮蔽、所中和。所以两味混在一起，有时我们只闻见这味，而闻不到那味，如尸体的味一经石炭酸的洗浸之后，就只有石炭酸的气味了。

因此，人们常用以香攻臭的战术来消灭一切不愿闻的气味。这种巧妙的战术，是大大地被有钱的妇女所利用了。这也是用香粉、香水之类化妆品的人超多的一个原因吧！

肉的气味，大家都是一样，本来没有什么难闻。然而不幸有的人常常发出特种的气味，则不得不借香粉、香水之力以遮蔽了。然而又有的人竟大施其香粉政策以取媚于其腻友，或在社交上博得好声誉。

然而香粉、香水之类的东西是和蜂采蜜一般，从花瓣花蕊里面采出来，榨出来的，究竟不是肉的本味，而是偷来的气味，似乎有些假。

因此我还有一首打油诗送给偷香的贵人们：

窃了花香做肉香，

花香一散肉香亡，

剩下油皮和汗汁，

还君一个臭皮囊。

据说气味这东西与心理还有些联络。所以讨厌这个人也讨厌这个人的味，欢喜另一个人也欢喜那个人的味，这是常有的事，而且还有闻着气味而动了食指或色情的君子呢。

气味这东西真是不可思议了。

在这个年头，气味有时使我们气闷，使我们掩了鼻子不是，不掩鼻子又不是。掩了鼻子又有不亲善的嫌疑，不掩鼻子又有人说你的鼻子麻木了，不中用了。

社会上有许多事是臭而又臭，绝没有一些香气，又不是第三种的杂味可以让它飘过去，真是左右难以做人啊。

肚子痛的哲学

一般的见识

肚子痛是常有的事。有时是来时如风，去时如电，痛一下子也自然就好了，值得什么惊异的呢？一般人以为这痛是偶然的事。

肚子痛得稍厉害些，稍为长久一点，甚至头也痛了，恶心了，吐了，泻了，全身发烧了，一般人这才有些恐慌了，说："这是没有穿够衣服，没有盖好被条，肚皮着了凉所致，下一次要自己小心呀！"这痛以为是受风的痛。

然而有些人还不肯就去治它。于是那病人的肚子大痛起来了，舌头也焦干了，全身痉挛接着就昏迷不醒，死了。这痛是绝望的痛。一般人到了这里，放声大哭，就怪那死者病前所吃的东西里有龌龊。龌龊自然有龌龊，什么龌龊却不知道，死了还说什么！

哪知道，细菌学者为了这龌龊已争论了半世纪之久，至今各派的意见还不完全一致，还没有下一个最后的判词，这在他们是要彻底研究肚子痛的根由。

倒是病理学者先看出了肚子痛的统一性，是肚子里主敌两势力矛盾的统一性。

肚子痛不是偶然的事，而是这两势力斗争的现象，是由主方受了敌方的压迫而发生的。没有敌方的侵略，肚子断不会无缘无故地痛呵。

肚子小痛而自好，那是因为敌方的力量薄弱，这矛盾的量的发展不足，不能引起质的突变而发生可怕的病与死的现象。

肚子大痛不是专门因为受风所致，受风不过是帮凶的一种副因罢了。

由肚子的小痛而大痛而死，这之间种种的征象，在病理学上是有一定的认识、一定的名称的，这统一的病名，就叫作"急性胃肠炎"。

肚子痛是"急性胃肠炎"的警号。

"急性胃肠炎"是人身里主敌两种势力的对立，而拿了主人的胃肠作为临时的战场。

那么，我们目前的问题是要集中于敌方势力的研究了。这就要靠着细菌学者的工作了。

细菌学者对于这问题的工作，是向着两方面进展：一方是精确地侦察敌方的真相，这是纵的认识；一方是广博地考察敌方势力发展的过程，这是横的认识。这两道阵线坚定了之后，才能定计破贼哩。

纵 的 认 识

害我们肚子痛的东西，据一般人的推测，都归结到龌龊的食物，这是对的，然而他们都说不出一个道理来。

化学者在实验室里分析腐败的食物，发现那些食物的蛋白质里面都含有一些毒质，统称作尸毒，是动植物尸身化解而成的毒。于是就有人说，这尸毒便是肚子痛的主因，至今还有许多不长进的老医生犹信以为真。

自 1902 年以来，经细菌学者不断地研究，证实了这尸毒的毒性并不强烈，要吃了很大量，才使肚子发生小小的痛，而平常的人都不至于吃那么大量的尸毒，更不致因它而发生急性胃肠炎的痛，而且这病反而常常为吃了表面上看很新鲜的食物而发生。所以，以尸毒为肚子痛的主因，这理论是被细菌学者完全否定了。

细菌学者早已在食物里面寻出两名凶手了，不过当时还不肯贸然就宣判它们是肚子痛的唯一的主犯。

第一名叫作"肠炎杆菌"。它的寻获是 1888 年的事。那时，德国有一个著名的屠宰场，有一回杀牛杀得太快了，没有发觉有一头牛是有病的。有 58 人先后都吃了那病牛的肉，就都得了"急性胃肠炎"了。其中有一人吃得最多，吃了一磅半的病牛肉，竟于 36 小时之内死掉了。这"肠炎杆菌"就是在这位病人的尸体里和那病牛的尸体里，同时抓到了。

第二名叫作"亚特立克杆菌"。"亚特立克"这个怪名本是比利时的一处乡村的地名。那杆菌第一次被捕的地点就在这乡村里，

因此就给它加上了这个称呼。这是 1898 年的事。

以后，这两名凶手又屡次在病肉和病人身上发现。从此，每有肚子痛，每有"急性胃肠炎"病的发生，细菌学者总拿它们俩当作嫌疑犯，说是它们混在食物里进口，在肚子里捣乱，非捉住它们不可。

然而，有时它们是捉不着的。英国在 1920 年前几年，共发生了 112 次"急性胃肠炎"的传染病，才有 39 次寻到了它们这一帮凶手。其余的 73 次，不是完全寻不见什么病菌的踪迹，就是寻见了也是别的被认为不相干的细菌，如"通常变形杆菌"之类。于是细菌学者就纷纷争论了。

有的说，肚子痛的传染病的凶手，不限定于它们这一帮，别帮的细菌混入肚子里，也会跟它们一样行凶，而发生"胃肠炎"。不过，同为凶手也有大有小，同为肚子而其抵抗力也有强有弱，因此肚子痛也有大痛小痛，胃肠炎的征象也有轻重之分了。

有的说，它们行凶的手术，并不在于动武，而是使毒，它们的毒是关在它们的细胞里面，死后才放出来的，是一种"菌内毒"。那"菌内毒"是不怕热的，虽烧热到 100℃，烧了 30 分钟之久，还是一样的厉害，也许是更烈了。所以细菌虽死尽不见了，而它的毒仍潜伏在食物里，吃了就会肚子大痛呵！

有的又否认了这纯粹"菌内毒"的理论了。他举了六种理由，我现在单提出最显明的一种吧。

就是说，人的肚子痛，十之一二是由于吃了煮得不熟的食物；十之八九是由于吃了半生半熟的食物。如果不怕热的"菌内毒"是其主因，那肚子痛的比例一定不是这样了。这可见在"胃肠炎"的发展中，病菌的主力军仍在参战呵。

149

那么,这主力军为什么有时寻不见呢？那也许是检查时的迁延，那些病菌们，逃的逃，死的死，不逃不死的也躲在不易寻找的角落里而渐消失了。

　　最近，在 1929 年，又有人用实验来说明了"急性胃肠炎"的主犯，虽是"肠炎杆菌"和"亚特立克杆菌"之类的细菌，然其直接使人肚子痛的原因，不是细菌的本身，也不是什么"菌内毒"，而是食物的蛋白质经过那些病菌的侵蚀，由于它们的小细胞的新陈代谢作用，而分解成的有机毒，再经热力的浸润，而使那毒性强化了。这是食物毒理论新的发展。这理论如经完全证实，则是又否定了以前的学说。这是我们对于食物毒细菌，对于害人肚子痛的恶敌的认识，经过了一番否定之否定了。

　　这肚子痛的新理论，是与"肠炎杆菌"之类的病菌和我们的食物以更密切的联系了。没有"肠炎杆菌"的参加，平常的食物尽管吃也不会使肚子痛；没有食物做底子，就吞下了一些半死半活的肠炎杆菌的汁也不妨事。所以肚子痛的病，在科学的名词，又叫作"细菌性食物毒"的。

　　这里，我得声明一下，肚子痛这三字的意义，在这一篇里，有些地方是专门化了。用它来代表"细菌性食物毒"或"急性胃肠炎"那些冗长名词了。

　　虽然，人吃了毒药或河豚之类本身有毒的食物，也会肚子痛，那却不是在我所指的定义之内。

　　至于霍乱、伤寒、痢疾，这三大水疫的病菌，也会使肚子痛。那它们在未到肚子之前，要请苍蝇污水引路，不像我们的肠炎杆菌这一帮凶手早已预伏在病牛病猪身上，这些人们所爱吃的肉，在大嘴里一滚就吞进去了。何况它们专会使人肚子痛得更紧，痛得要命。

这是这些食窟里的毒菌特别毒辣的手段呵！

横 的 认 识

细菌学者既揭穿了食物毒细菌的层层黑幕，同时对于这侵略我们肚子的恶势力发展的情形也尽力地搜查。

这恶势力的发展似乎和气候也有关。夏天比较冬天肚子痛的人多，这是因为在热的气温里病菌的繁殖格外快。

细菌性食物毒的疾病率是异常的高，高至100%，这是说吃了病肉的人，人人都要肚子痛。

反之，死亡率却非常之低，低至1%，这是说，吃肉少的人，若不幸而中了食物毒总不至于一下子就死了。

受过病菌洗劫的食物，以肉、鱼、牛奶及其他动物的蛋白质为最危险；青菜及壳类的食物，这危险就减少了；在水果，这危险更少了。而肉里面，则以牛肉、猪肉最为危险，羊肉、兔肉则不常见。鱼肉、虾肉有时有之，至于鸡肉则不大可怕了。

肉的制法煮法也有关系，如制肉包和腊肠之类的食物，制时既有许多破绽，病菌可以乘机进攻，煮时热力又往往不能透心，病菌好不逍遥自在地伏在那里面。

煮好了的肉又往往舍不得一顿吃完,留在茶橱里一天两天不吃，到了吃时已是满碗细菌了，尤其在大热天，然而看不见有什么动静呀！直到了肚子痛才着急！

食物有时是外表堂堂的假君子，看去蛮新鲜而齐整，不知那里面却包藏祸心，吃了就要得"急性胃肠炎"而死了。这也是常有的事。

猪或牛若有胃肠病，它的肉万万不可吃，这是明显的。然而有时健康的猪肉、牛肉是给胃肠炎的带菌人的手染污了，普通人却没有防到这一步。欧战时法国境内就发生了一次大食疫，据说后来就在一所公共厨房里找到了一位带菌的厨子。

有时带菌的还是老鼠、蟑螂之类的小动物。它们偷偷地爬到菜碗上，无意中散布了肠炎的毒菌。

定 计 破 贼

对于食物的恶敌既有这般的认识，我们就当马上和它斗争，斗争要在肚子未痛之前。我们的计划如下：

请兽医检查牲畜的身体，有病的不许进屠宰场。

请细菌学专家检查罐头食品及一切制好的食物，有菌的不准出售。

不用带菌人做厨子。当防蟑螂和老鼠。

留着明天吃的菜放在冰箱里去。没有冰箱不要留菜到明天。

发 炎

动物组织受到了外力的攻击而受伤，血液血球奔来救护，防免伤口的扩大，阻止外力的前进，乃至于歼灭外力。同时扫清积污绥垢，这时候，那局部的伤口，不断地发热发肿发痛，这是身体发炎的现象。

炎字原是火上加火，有以火攻火的神气。它是含有热烈抗战的意义啊。

发炎的作用是这样的严重。那么，我们再看发炎的过程如何。

在这儿，人身的发炎是一个很好的代表。人身原是一架绝妙的天然发炎机。

在医学上，这炎字是用惯了的，什么脑炎、脑膜炎、鼻炎、支气管炎、肺炎、扁桃腺炎、心内膜炎、肾脏炎、胃肠炎、盲肠炎，乃至于最下级的尿道炎，如此等等的炎。真是人身哪一个组织，哪一个器官，受了外力的侵侮，而不会发炎？甚至骨与骨之间，也会发生关节炎。但是，炎字不要和病字相混了。医学上虽以炎名病，然而病是受害的现象，炎乃抵抗的进行。

发炎是动物体内的血军和外敌及一切腐化细胞的搏战。

在这儿，抗敌的主要机关是血管，和敌军作战最烈的，就是血液中来了一群又一群的游击细胞。它们的责任不但在杀敌，还须收拾战地上的残局，清除打死的细胞尸身及一切伤口里的腐物，以便于人体炎区的复兴建设。

有时身体虽受着外力的袭击，所中的伤是很轻微的，几乎瞧不见，然而也能引起热烈的发炎，这是抗敌军队的认真吧。

但在平常的动物身体，至少要有几个细胞被外力残杀了，才会引起发炎，引起抗敌军队的动员。

可是有时，身体受了内伤，细胞内部的新陈代谢作用发生了纠纷，在这种情形之下，抗敌的血军却没有什么动静。

又有时，由于生病或营养不足，或受着高压力，如肾盂水涨，不少的细胞都渐于无形之中被排挤而消灭了。这时候，体内也并没有发炎的消息。

直到少数细胞受了暴力的摧残而死于非命，它们的尸身凝结而腐臭了，或有外物闯入，活的如细菌之群，死的如毒汁之流，无端取闹，到处行凶，这些含有危险性的烂东西，一刻占据人身的组织，都是抗敌的血军所看不惯，那它们不论远近，就要立时赶来吞灭这些可鄙又可恶的坏东西。于是那块不幸的区域，就如火如荼地大发其炎了。

发炎的开始，那受伤的地带，先浮起一朵红云，这是血液涌来的表示。

这若在兔子的耳皮上发生，那儿的皮肤甚薄，血管甚显，就是我们的肉眼也可以隐约看出发炎的演变，若拿青蛙的舌头、蝙蝠的翅膀，放在显微镜下细看，这血军抗敌的经过，表现得更其清清楚楚了。

当时心房早已接到前方的警报，急派大军出发。静脉动脉的血管都一齐扩大了。血液如风起潮涌一般迅速地赶到，使得当地本来紧缩的小血管忽然一一膨胀了。那受伤口的皮肤，血管的周围，全发红了。

这时候若刺它一针，一定可以一针见血，而且会自由地涌出，这是因为微血管里的血已经拥挤不堪了。

这种局势会很快地伸张，会向着伤口的四面蔓延。

这时候，我们摸一摸那伤口的部位，就觉着热烫。这是因为体内心窝里的热血，飞快地、连续不停地狂奔而过，没有一点受冷着凉而使温度减退的机会。这可见，血军循回地奔驰杀敌，那情势是热烈不可当啊！

过了一会儿，那伤位就肿起来了，那皮肤就拉紧了。用手指一按，就会留下一个指印，而且那动物也许会感着疼痛而突然退却了。痛就是组织的吃亏，神经的受难，抗敌战中一种严重的示威、警告。

过了两三天，血管逐渐收缩了，受伤的区域还有点红，是有些紫意的暗红，热减退了，血军的行动也稍慢些，似乎在复员，肿也于无形之中消失了。

十天至十二天之后，这才全部恢复原状，而以最先受伤的地点为最后复原。可是，同时，那伤痕上就起了一层皮，是皮肤表面的外皮细胞脱落了。

但，不久，血液的循环游行也完全返了常态，脱落的外皮也修补好了，发炎的过程便宣告终止。

于此可见，发炎的使命是人身自力的救伤，要收复失去的组织，灭尽外敌，扫清腐烂的分子，然后身体才能脱离病院，走上健康的大道。

这上面所讲，还是就发炎的皮相外观所得而谈。至于血军在发炎期间的战绩，却要用精制的显微镜才能知道。

在显微镜下，我们可以看到血军的狂奔。它们是听到了敌兵犯境的警讯，群向伤区四面的血管里集中。一个个伸长胞浆的伪足，望着血管壁间的小孔冲出，冲到了伤区四周的组织，就将敌兵密密地包围。

这里集中待命的血军，大多数都是"多形核"的白血球，那些英勇的游击细胞，在血的洪流中，除了红血球外，要算它们的群众为最多了。

这些白血球军队的移动,是整个发炎运动进行中最紧要的步骤。

同时，负有滋养体力的使命的红血球也有的被挤出管外，于是血的流液也渗透出来了。

血的流液渗透出来愈多，那块伤区的组织就被鼓起来了，成为水肿的现象。

假使伤势太重了，通达伤区的血管会完全阻塞，白血球军队的运送因而不得前进了。除此之外，血球的流奔，有时或许很慢，而新血仍是源源而来，伤区的组织并无绝粮的危险啊。

在这时候，我们的白血球正在伤区巡游，准备着厮杀。它们一和细菌之类的恶敌碰头，立刻就上前肉搏，把对方围剿而吞灭了。

可恶的细菌，有时会放出毒汁，阻止血军的进迫。有时血军的行进须踏过已死细胞的尸身、受伤组织的残体，那里氧气的供给非常缺乏，它们是感到窒息的威胁了。

在这些不顺利的情形之下,血军仍然不顾一切地奋力抗战到底。动物的生命一天活着，它们一天在杀敌，终于战胜了细菌，扫清了体内含有危险性的腐败组织。

这以后就是收拾余烬，复兴灾区的工作了。

在这里，一切细胞的尸身，一切组织的腐体，一切战争所遗留下的残物，又是统统由白血球，它们不辞劳苦的士兵，去吞食，去消化，化成粉末，化成水汁，送到"淋巴腺"里去，再经淋巴细胞的溶化工作，就完全消灭了。

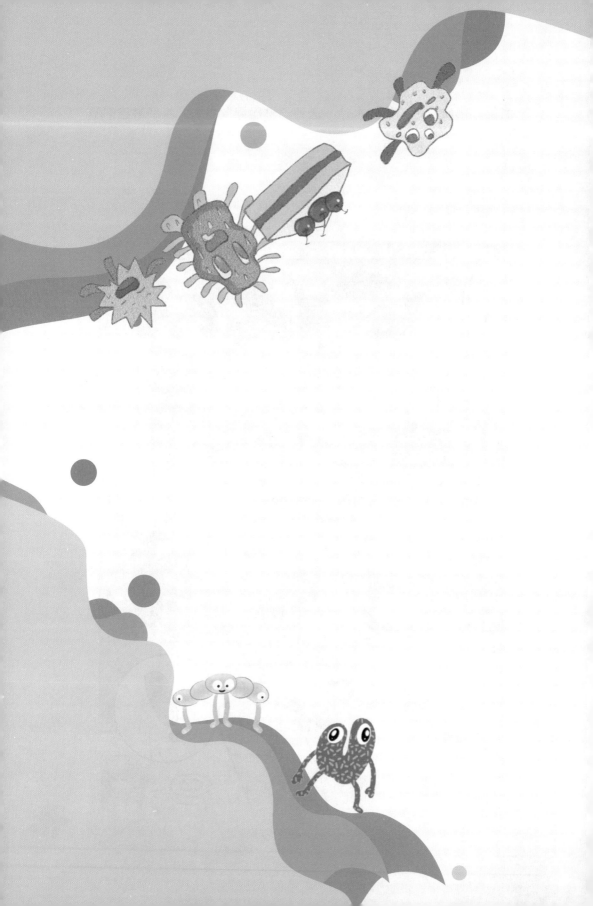

漫游自然

 地球的帷幕

空气是地球的帐幕，
它无形无影地
笼罩在地球的身上，
它包围着陆地和海洋，
它环绕着高山和旷野。

空气是大自然的代表，
它不声不响地
走过了世界的每个角落，
走遍了城市和乡村，
走遍了沙漠和森林。

空气是永恒的流浪者，
它永远过着漂泊的生活，

它高飞远走，到处为家，

它又无处不到，无孔不入。

空气是气体的海洋，生命的仓库，

它给万物以滋养，

使大地充满了生命的光辉，

充满了青春的活力。

　　空气，人们对它老早就发生兴趣了。人们登高山觉得气喘，又觉得山顶比山下冷得多。但是，在科学仪器发明以前，人们对于空气的真实情况是无法了解的。

　　远在 17 世纪的时候，有一个意大利人叫作托里拆利，他是第一个空气探测者，他自己制造了一架气压表，并用这种仪器来测量空气的压力。这个实验是在世界著名的建筑物比萨斜塔那儿进行的。他发现高度不同，空气压力也不相同。

　　今天，我们已有很多方法可以采集有关空气的资料。我们可以利用飞机，从离开地面几公里的空中取下空气的样品；也可以利用装有仪器的火箭或人造地球卫星发射到一百多公里以外的高空，去探听空气的情报。这两种方法各有长处：飞机可探测低空的情况；火箭和卫星可飞到遥远的高空。

　　近些年来，科学家又发明一种装有氢气的气球，下面挂着一条尼龙带子，在这条带子上面装有一支温度计、一个气压表、一个日光记录器，还有其他各种奇妙的仪器。这种气球能上升到 32 公里的高空，在那儿飘浮了 6 个钟头之后，由无线电操纵使这个气球自动破开，放出一把降落伞，把所有的空气记录都带回地面上来。

科学家把全部的空气——地球的帐幕——划分为三个区域，也就是三层空气圈，一层比一层高，一层比一层厚。这三层并没有明显的分界，越高空气越稀薄，差不多五分之四的空气都集中在第一层。

　　第一层，又叫对流层。它离地面的高度不一样，在南北两极约7~10公里，在赤道地区约16~18公里，中纬度地区约10~12公里。这里是云雾生成和飘游的场所，这里是暴风雨的战场，这里有飞鸟和尘沙。

　　第二层，又叫作平流层。它的顶部高度达五六十公里。因为空气的阻力逐渐减小，飞机航行到这里，速度可以大大地加快。在这里，大气多作平流运动，水汽和尘埃含量稀少，空气较稳定，因此很少有我们常见到的天气现象。

　　第三层叫作电离层，是离子的世界，也可以说是电子的世界，空气稀薄。到1 600公里以外，就逐渐走向没有空气的真空世界了。

　　实验证明，就是在这样的真空世界里，也不是一无所有的。在1立方厘米的宇宙空间里，含有成千上万的微粒。另外，还有从太阳飞射而来的微流星和宇宙射线。在微流星的队伍里，包括最微小的尘土、沙粒和石片，以及铁块、冰块和各种不同的矿物，它们的重量是极其有限的，只有几分之一克。

　　1783年，有一个法国人洛奇尔，他是第一个坐气球上升的探险家。从此，每一个气球乘客都带回关于空气的消息，他们说：气球上升越高，空气冷得越快。一个世纪以前，有一个英国人也用亲身的经历证实了这种说法。他坐在气球下面挂着的一个四面透风的篮子里，上升到12公里的空中。这是当时气球升空的最高纪录。他的眼睛都冻僵了，眼球再也不能转动，幸而没有失明，回到地面很久总算复原了。其他的探险者，也有达到这个高度的，在没有防寒设备的情况下，把手脚都冻坏了。在这样寒冷的空气里，除掉一些鸟类和微生物以外，其他生物是不敢逗留的。

科学家很早就知道：在离开地面1公里多的空中，空气的温度天天都有变化。但是，有的人认为：从地面1公里多起，到空气圈的第一层（对流层），上升越高，空气的温度下降越低，下降的程度是很均匀的；到了第二层空气圈（平流层），就没有什么变化了；过了第二层空气圈，又均匀地下降，一直等到出了空气圈的外围，它的温度就接近绝对零度（-273.17℃）。绝对零度是最低的温度，是冷的极端。

这是过去的看法。这种看法，现在已经被新的事实所改变。

你如果跟着宇宙航行家一起坐飞船去高空探险，船上装有记录温度的仪器，你就会发现：在进入第二层空气圈以后，空气的温度就停留在-68℃左右，不会发生多大的变化；上升到离开地面48公里的空中，你就会奇怪，周围的空气为什么又很热起来，热得差不多和开水一样烫。这是因为：飞船穿过了一层热空气地带，过后温度又下降了；到了第二层空气圈的顶上，空气的温度又回到原来的冰点以下。

当飞船进入空气圈的最高层，你就会发现：温度又升高了，经过了大约480公里的航程，这时候不得了啦！空气热得简直可以熔化铁块。穿过第二个热空气地带，温度又逐渐下降，到了空气圈的最外围，空气就降到最冷的温度，接近绝对零度了。

但是，空气温度的这些变化，人们还不大知道是什么原因。

宇宙航行家不仅受到温度变化的威胁，也受到空气压力变化的影响。由于地心引力的作用，空气是具有重量和压力的。

这可以用实验证明：把一个收缩了的球胆和一根细绳子放在天

平上称一称，然后把空气吹进去，使它鼓起来，用细绳子扎紧它的口，再用天平称一称，你就会发现球胆的重量增加了，原来增加的就是空气的重量。

一个球胆里的空气重量虽然微不足道，但是全部空气圈里的空气重量却大得惊人。空气圈里的空气压在地面，就像箱子压在地板上、人体压在床上一样。不过，空气的压力是向四面八方伸张的。在一般情况下，气压的变化不大，大约是在720～770毫米水银柱之间，因此，人能够经受得住。

随着飞船的上升，气压变得越来越低，低到240毫米水银柱以下时，人就受不了啦！

为了宇宙航行的安全，需要利用特种金属材料做成的高度密封船舱，这样既可以避免高温的侵袭，又可以保证正常的气压。

随着宇宙航行的成功，科学家又获得大量的材料，从而整理出关于空气——我们地球的帐幕的更完整的知识。

地下王国漫游记

地下王国是我们的行星上最古老的国家之一，它的历史非常悠久，利用铀的蜕变做钟表来计算，大约在二十多亿年以前，当地球有了固体地壳的时候，这个王国就成立了。它的领域非常深广，从地球的表层到地球的核心，就有 6 377 公里，相当于地球的半径。它的物产非常丰饶，各种矿藏应有尽有，地球上各种金属和非金属，各种放射性元素和稀有元素，各种岩石和岩浆，还有煤和石油，都归它所保管。

过去，人们对于地下深处这个伟大国家的认识是极其模糊不清的。长期以来，人们的意识被封建迷信观念所封锁，有些糊涂的人以为：地下深处是阴间地狱的所在，是死神和魔鬼所盘踞的地方。这就在人们的脑子里引起无限的恐怖，哪里还有胆量去做一次幻想的旅行呢！

现在，这些迷信观念都已一一被打破了。为了寻找矿石和石油，以适应生产建设的需要，把人们的幻想引导到一个新的方向，这就要开发地下宝藏。于是，人们对地球深处开始注意了。千百架钻探机和一些地震仪开始动作起来，勘探队员一批又一批被送到全世界各个角落去探宝，因此地下王国的真面目才逐渐为人们所了解。

第一个幻想着到地下王国去旅行的人，是俄国"科学之父"罗蒙诺索夫，他在许多著作中都表示了这个有趣的志愿。后来，抱有这种强烈兴趣的人逐渐多起来了。现在我们不但有了钻探机，并且有了各种各样的物理探矿仪器，如利用磁力、电流、无线电波和地震波等来研究地下王国的情报，对于地下这个概念比先前的幻想要真实得多了。

到地下王国去旅行，都要从地球表层出发，第一站的名称叫作土壤，比起地球的半径来，这仅仅是一层薄膜。植物的根在这儿舒腰伸臂，吸取水分和养料；蚂蚁和蚯蚓在这儿钻洞造窝。这儿是生物的摇篮，也是生命的归宿地；这儿有古人的坟墓，也有地下宫殿，有城市的废墟和从废墟里所发掘出来的文物，如青铜器、陶器和石器等。所以这一站的名称，又叫作文化层。我们的钻探机就在这儿开始顽强地工作，穿过黏土和泥沙，一站又一站掘下去，不断地发现各种各样生物的残骸和遗迹。有几层地层形成得比较早，其中所含古代生物的残骸和遗迹也特别多，在这里我们仿佛看到，原始人披着兽皮，拿着石头做的武器，生活在苔原上猎取猛犸——这是一种现在已经绝种了的长着毛的古象。

一站又一站，再往下走，在沙土里我们发现一副几乎是完整无缺的头盖骨。这是一种凶恶野兽的头盖骨，这种野兽叫作剑齿虎，因为它有像利剑似的獠牙而得名。它是冰川时期最可怕的一种凶兽，它常常追捕着野马——现在家马的祖先。原始的猿猴就只好长年地居住在树上。

这是大约离现在 2 000 万年到 2 500 万年以前的事。我们的

旅行只不过走到离地面 20 米深。我们越往下走，回到历史上去的时间越古老。大约在 1.5 亿年以前，那时候连人类的影子也没有，一切哺乳类动物都还没有出现，那时候是恐龙的世纪。这些恐龙们都是庞大无比、奇形怪状的爬行动物，其中有一种叫作雷龙。它的身长有 20 米，体重是象的 8 倍，只要把脖子抬起来，就很容易把头伸进现代 3 层楼房高的窗口里。

我们越往下走，经过的地层越多，这些地层会讲给我们听更多、更动人的故事，地层会告诉我们地球上生命的全部历史。

黏土、泥沙和石灰石，一层又一层地交替着，再往下深入，就到了地下王国的煤专区，这是煤的根据地。人们把这个时代叫作石炭纪。

大约在 3 亿年以前，地球上的气候是那么温暖潮湿，在江河湖沼的沿岸，生满着茂密的森林，这些森林，都是羊齿类植物，如凤尾草、木贼和石松等，这些巨大的植物，死后倒身在沼地里，被沙石所掩盖，越埋越深，由于和空气隔绝，日子久了，就变成了煤。

今天，蕴藏在地下的煤，不是一个时代所形成的，但是以石炭纪所生成的为最丰富。在那个时代的森林前面，我们时常可以发现一种庞大的两栖类动物，它们住在水里，用鳃呼吸，常常爬到陆地上去观光。

过了煤的专区，再往下走，就到了石灰岩专区。这个石灰岩，有几百米深，它告诉我们：从前这个地方是海，石灰岩就是大海的一种沉积物，它是由无数小贝壳、骨骼和溶解在水里的石灰质所形成的。

在这个厚厚的石灰层里，我们还可以发现三叶虫的遗迹，它们是昆虫的祖先，在全盛时代，曾被称作大海的霸王，它们在海水里游泳，横行无忌，不可一世。

那时候，陆地上还没有生命出现，一片荒凉，而在海里却非常热闹，无数的三叶虫、海百合、海星和贝壳，都生长得极其旺盛。

别了石灰层，我们向 1 500 米的深处进军，这儿生命的环境越来越艰苦，生物就变得越简单、越原始了。再往下走，连生命的痕迹都找不到了。我们碰到了极其坚硬的结晶底层，碰到了花岗岩。这是一种结晶的岩层，它是由一种熔化的岩浆逐渐冷却而形成的。

从花岗岩专区再往下去，就是玄武岩专区，这是最重的岩层，它的岩浆曾经多次从地球裂缝和火山口突破花岗岩的外壳，喷射到地球表面上来和人类见面。

在玄武岩专区下面，大约 70 公里的深处，有一层中间壳膜，这层壳膜的岩石的出现，曾引起全世界地质学家的极大注意。因为这种岩层，就是金刚石、白金及其他稀有金属的蕴藏地带。这是地下王国最贵重的宝库。

地下王国的旅行，在这里告一段落。因为在这里光靠钻探机是不能完成勘探任务的，要了解地下更深的情况，还得另想办法。

有一种非常灵敏的仪器，叫作地震仪，这是地下旅行者更锐利的武器。通过它，不但可以察觉短距离的震波，而且也可以察觉环绕全地球的震波，察觉从地球核心反射回来的震波。

这种震波，就是地下深处最重要的见证人，它告诉我们：地下旅行深到 1 200 公里，情况就急剧改变，这里已经不是固体的地层，而是熔化的岩浆；深到 2 900 公里，地层密度的改变就更加急剧。我们已开始进入地球的中心核了，这是由铁和镍组成的核，同时还含有钴、磷、碳、铬、硫等杂质。

地下王国的气候，据地下旅行者看来，是逐渐由冷变热的。我们越往下走，就觉得温度越高，大约每往下100米，就升高3℃；一到了地球中心，温度可达3 000℃到5 000℃。同时越往下走，压力也越增大，到了2 900公里的深处，压力要增加到1 300个大气压。在这么大的压力下面，什么原子都要缩得紧紧的，所有的电子也都要靠拢起来了。

我们在黑暗中旅行了许多公里的路程。我们参观了元素的旅馆、金属的集体宿舍、化石的陈列所、矿石的故乡、岩石的老家、煤和石油的根据地。我们走过发烫的喷着热气的矿井，走过发亮的岩层，这些岩层，最初发出的光是很微弱的，越往下走，就越明亮起来，由暗红、猩红、鲜红、橙黄色到耀眼的白光。到了地球的中心，那光亮就更刺眼了。

我们旅行的终点，是地球的最中心，这是地下王国的首都，在这里一切都是高热滚烫、光芒迫人的；这里的压力，已经达到3 500万个大气压。

地下王国，并不是如人们最初所想象的那样死气沉沉、静止不动的，它的生活是非常复杂而多样化的，这里物质的斗争是非常剧烈的，至少靠近地面100公里厚的地区是这样。这是化学活动的地带，是大自然进行化学反应的地带，这里有许多猛烈的事件发生：如温度和压力的波动、山脉的升降、冰川的进退、地震、火山的爆发，有的地方受到严重的破坏，有的地方却在欢庆新生。深层的岩浆、滚热的泉水和矿脉都在冷却，许多种放射性元素都在蜕变。这里有生命和死亡的搏斗；有化学分子的悲欢离合。这里永远是新的作用和新的变化的发源地。

这就是地下王国的情景。

我们的土壤妈妈

我们的土壤妈妈，是地球工厂的女工。在大自然的建设计划中，她担负着几部门最重要的工作。

她保管着矿物、植物和动物，还有肉眼看不见的微生物；她改造物质，发展生命，经营着无机和有机两大世界的巨大工程。

她住在地球表面的第一层，由几寸到几公里的深度，都是她的工作区。她的下面有水道，水道的下面是牢不可破的地壳。

她是矿物商店的店员。在她杂色的柜台上，陈列着各种的小石子和细沙，都是由暴风雨带来的，从高山的崖石上冲下来的。

她是植物的助产士。在她温暖的怀抱里，开放着所有的嫩茶和绿叶，摇摆着各色的花朵和果实，根和她紧密地拥抱。

她是动物的保姆。在她平坦的摇床上，蹦跳着青蛙和老鼠，游行着蚂蚁和蚯蚓，蜷伏着蛹和寄生虫。

她是微生物的培养者。在她黑暗的保温箱里，微生物迅速地繁殖着；它们进行着化解蛋白质的工作，它们进行着制造植物化肥的工作。

我们的土壤妈妈，像地球的肺。她会吸进氧气，她会呼出二氧化碳；有时还会呼出阿摩尼亚。

她又像地球的胃，她会消化有机物。地球上所有的腐物，几千万年人和兽的尸体，都由她慢慢地侵蚀。

她又像地球的肝。毒质碰着她就会被分解，臭味碰着她就会被吮吸，病菌碰着她就会被淘汰，使传染病停止了蔓延。

我们的土壤妈妈同水有深厚的感情！她有多孔性和渗透性，她像海绵一样，能够尽量吸收水。

我们的土壤妈妈同太阳有亲密的友谊！她能够接受太阳的热；当黄昏来到的时候，又把它发散出来。气候也会影响她的健康。冰雪的冬天，把她冻坏了；快乐的春天，把她解放了。在城市，有数不尽的垃圾堆，都要经过她的改造，才能变成美好的肥料。

我们的土壤妈妈，完成了清洁队员未了的工作。

在农村，有数不清的田亩，滴上农民们的血汗，播种下谷子、小麦和高粱。我们的土壤妈妈，从不辜负农民的希望。

改造自然的伟大工程，把沙漠变成了绿洲，从荒芜走向繁荣，我们的土壤妈妈，更进一步展开她的工作。

 # 地球的繁荣和土壤的劳动者

　　吾乡福州，环山抱海，在人迹未到之前，原是闽江北岸鼓山脚下一片荒地，几块乱石而已。

　　后来，由苗民部落，而田舍、小村、小镇，而县城，而府治，而今日福建的省会，其间也曾做过好几年帝王的宫城，至今城内犹留下三座秀丽的小山——于山、乌石山及屏山。当苗民初来时，荆棘野草满目，不堪行人。后经他们一步一步地踏成羊肠小径，渐渐化为泥路。汉族移民到此，把它砌成石子路，又改造为石板路。吾家在于山之麓，我幼时，到明伦小学去读书，天天从家里出来，要转好几个弯，这些石板路，是走得极其纯熟的了。谁知15年之后，回到故乡，已街道改观，不识旧人，三坊七巷之间，都是宽大平坦的马路了。

　　由羊肠小径变成平坦大道，由荒野乱石变成热闹的都市，这个浩大的工程，谁的功，谁的力，谁的汗滴成的呢？

　　埃及的金字塔，中国的万里长城，欧洲各处的大教堂、皇宫，纽约的摩天大厦，地球上一切伟大的建筑物，君王只需一道命令，阔佬只需一张支票，工程师不过绞了一点脑汁，谁在那里天天流汗、呼喊、挣扎而造成的呢？这些建筑物，千古长存，任人凭吊，而流汗的大众却早已被后人所遗忘了。

太阳是群星的一颗，地球又是太阳的一粒碎片，福州只是地球上的一抔黄土、几根青苔而已，那些大的建筑物，在地图上，却不过是一点一圈一横一直罢了。

地球是我们人类的家乡。地球的年龄，据地质学家的估计，大约是46亿年。当它初从太阳怀里落下来的时候，是一团火焰，熔化着各种元素。后来慢慢地冷下来了，凝结成了一块橘子形的大石头，直径不及8 000英里（1英里=1.609 3公里），地心犹是火焰，地面是热腾腾的蒸汽。后来地面起了皱纹了，凹凸不平，凹处蒸汽冷了，变成海洋，凸处成为高山。高山的岩石，被风霜冰雹打成碎片散沙，为大雨所冲洗而下，随江河的急流而入于海。这些散沙，在海底浸润了几千万年之久，变成烂泥，等到了环境和气候都适合于生物生存的时候，于是小小的生物，如阿米巴、海藻之类，斯斯文文、不慌不忙地从烂泥中一个个跳出来，和太阳行见面礼。这时候的地球是阿米巴和海藻的世界了。

又过了几千万年之后，三叶虫出世，夺了阿米巴的宝座，自称为大海霸王，如今一切的昆虫，都是它后代的儿孙。

再过了几千万年，大鱼小鱼都出世了，还有一跳一跳的癞蛤蟆也跟着后面来了。有一天癞蛤蟆露出头来在水面观光，发现了陆地，大喜，哇的一声，一跃而上，觉得这里倒很清净，从那天起，时时带它的老婆儿女出没于水陆之间，号称两栖。这时候陆地上也有了一层烂泥了。

由于蛤蟆的领导，大海里的动物都要爬到陆地上去觅食，但是它们水里游泳已惯，一旦爬上岸，只得匍匐蹒跚而行，后来觉得陆地上有趣，都不肯回到水中，于是就有爬虫类的出现。这些洪荒时代的爬虫，都是奇形怪状、庞大无比的。它们无时不在追捕弱小的动物，以充饥肠。弱小的动物，被它们迫得无处逃生，经过几百万年的奋斗，果然有一天，前身两臂渐渐化成翅膀，奋力一伸，飞上天空，于是天空就有了飞鸟了。

地面上的气候，一天比一天冷了。赤身光体的爬虫，抵不住寒风的侵袭，为应付新环境，自然界就产生了哺乳类动物。哺乳类全身都有很厚很长的毛，可以御寒。它们又感到卵生之不便，把孵育的工作收回子宫里面，等到胎儿的雏形完成之后，才离开母体。胎儿既生之后，又把它放在安全的地方，喂以母乳，教之觅食，直到长成能自往觅食为止。这时候陆地上已有了森林了。

哺乳类动物以猿猴为最聪明。它利用了两手攀登树木，剖吃果实，渐渐有了起立步行之势。

大脑渐渐地发达了。有了记忆力，就发生了情感作用；有了想象力，就发生了理智作用。合情感与理智，便有了创造发明的力量，于是原始人竟和猴子有些不同了。他看见地上有许多石子和火石，就拣几个起来，制成种种石器，或粗或细，可以猎食，可以防身。由原始人到现在，据说已有50万年的光阴了。至少，在第四次冰河退走之后，第一个和现代人一样身材容貌之真人出现的时候，距今也有25 000年了。

石器时代过去了。人类分支繁衍起来，征服了动植物，居然做了地球上唯我独尊的主人翁了。由狩猎的生活而进为渔牧的生活，而进为耕种的生活，而进为工厂机械商人大腹贾的生活了；由野人一变而为酋长，由酋长一变而为国王皇帝，由国王皇帝一变而为资本家，资本家一亡，便为劳动者的世界了。由于怕鬼、怕天、怕黑暗而入于神学的思想，神学不足信，乃代以玄学，玄学不足信，乃代以科学发达起来，于是火车、汽车、轮船、飞机、无线电、120层摩天楼、电梯，一上一下，飞来飞去，时东时西，忙个不停，流线型的生活，穷极物质之奢，把地球的面皮抓得怪痒怪难受的。假使原始人复活起来，走到南京路上，一定目瞪口呆、东张西望，不知怎样是好，手里所存的一块石头子也忘其所用了。现代人果然厉害！

然而，追本溯源，生物的原始，是从烂泥中出来的，地面上一切生物的繁荣，也都靠着烂泥里面食料的供给，源源不绝。人类一切的进步，科学一切的发明，也都要归功于烂泥。烂泥是一切生命创作的源泉啊。

烂泥就是土壤。土壤的结构，是矿物的粉粒与有机物的碎片相拌，再和以水或空气。有机物是由动植物的尸身分解而来的。动植物的死亡相继不已，则有机物的供给无穷。然而矿物的粉粒有时不足，徒有有机物而无矿物，则是垃圾堆，不是土壤；徒有矿物而无有机物，则是沙滩，也不是土壤。

所以，要使土壤里面的食料不至于完尽，以维持地球的生活，一定要时时补充，时时变换。

这变换和补充的职务，谁能担任呢？谁是土壤的劳动者呢？

是蚂蚁吗？是蚯蚓吗？

蚂蚁、蚯蚓在土壤里钻来钻去，忙的是自己的吃饭和居住的问题，不过它们奔走的结果，确有松解土壤之功，使空气得以流通，然而对于变换和补充土壤的工作，它们是丝毫没有能力的啊。

是人类的锄头么？是农人所施种的肥料么？

锄头也不过是松解土壤，肥料只是增加土壤里有机物的容量而已。

土壤的劳动者，就是我们肉眼看不见的小宝宝，叫作细菌啊。土壤细菌的生生世世，唯一的工作，唯一的使命，就是变换土壤的性质，补充土壤的原料。这等工作，除了土壤细菌而外，断非其他生物所能胜任。

　　大多数的土壤细菌，都盘踞在离地面2英寸至9英寸深的土壤里面。入土愈深则细菌愈少，在含湿气多的土壤，二三英尺深以下，就几乎完全没有细菌了。在经人灌溉过的松软的土壤里面，到了9英尺深，还有细菌。每克的土壤，含有300万至2亿细菌。有这样多的细菌在那里工作，无怪乎土壤常常都是又肥又新鲜。

　　自阿米巴以至人类，自青苔绿藻以至大树上的残花枯叶，地球上一切的生物，不死则已，死了都要归入土中。细菌见了，就围着吃，慢慢地把它们身上的复杂的蛋白质或纤维素，一点一点地都分解下来。有的变成碳酸气，送入空气中。有的变成阿摩尼亚，又氧化成为硝酸盐，这硝酸盐就是植物的最重要的一种食料，植物的根可以向土中自由吸收。硝酸盐是土壤的宝藏，它的供给所以能源源而来者，就是靠着土壤细菌昼夜不息的工作哩。土壤细菌实是地球上最重要的劳动者，土壤的变换与补充，实是地球上最浩大的工程。

灰尘的旅行

灰尘是地球上永不疲倦的旅行者，它随着空气的动荡而飘流。

我们周围的空气，从室内到室外，从城市到郊野，从平地到高山，从沙漠到海洋，几乎处处都有它的行踪。真正没有灰尘的空间，只有在实验室里才能制造出来。

在晴朗的天空下，灰尘是看不见的，只有在太阳的光线从百叶窗的隙缝里射进黑暗的房间的时候，可以清楚地看到无数的灰尘在空中飘舞。大的灰尘肉眼固然也可以看得见，小的灰尘比细菌还小，就是用显微镜也观察不到。

根据科学家测验的结果，在干燥的日子里，城市街道上的空气，每立方厘米大约有10万粒以上的灰尘；在海洋上空的空气里，每立方厘米大约有1 000多粒灰尘；在旷野和高山的空气里，每立方厘米只有几十粒灰尘；在住宅区的空气里，灰尘要多得多。

这样多的灰尘在空中游荡着，对于气象的变化产生了不少的影响。原来灰尘还是制造云雾和雨点的小工程师，它们会帮助空气中的水分凝结成云雾和雨点，没有它们，就没有白云在天空遨游，也没有大雨和小雨了。没有它们，在夏天，强烈的日光将直接照射在大地上，使气温不能降低。这是灰尘在自然界的功用。

在宁静的空气里，灰尘开始以不同的速度下落，这样，过了许多日子，就在屋顶上、门窗上、书架上、桌面上和地板上铺上了一层灰尘。这些灰尘又会因空气的动荡而上升，风把它们吹送到遥远的地方去。

1883 年，在印度尼西亚的一个岛上，有一座叫作克拉卡托的火山爆发了。在喷发的时候，岛的大部分被炸掉了，最细的火山灰尘上升到 8 万米——比珠穆朗玛峰还高 8 倍的高空，周游了全世界，而且还停留在高空一年多。这是灰尘最高、最远的一次旅行了。

如果我们追问一下，灰尘都是从什么地方来的？到底是些什么东西呢？我们可以得到下面一系列的答案：有的是来自山地的岩石碎屑，有的是来自田野的干燥土末，有的是来自海面的由浪花蒸发后生成的食盐粉末，有的是来自上面所说的火山灰，还有的是来自星际空间的宇宙尘。这些都是天然的灰尘。

还有人工的灰尘，主要是来自烟囱的烟尘，此外还有水泥厂、冶金厂、化学工厂、陶瓷厂、锯木厂、纺织工厂、呢绒工厂、面粉工厂等，这些工厂都是灰尘的制造所。

除了这些无机的灰尘而外，还有有机的灰尘。有机的灰尘来自生物的家乡。有的来自植物之家，如花粉、棉絮、柳絮、种子、芽孢等，还有各种细菌和病毒；有的来自动物之家，如皮屑、毛发、鸟羽、蝉翼、虫卵、蛹壳等，还有人畜的粪便。

有许多种灰尘对于人类的生活是有危害性的。自从有机物参加到灰尘的队伍以来，这种危害性就更加严重了。

灰尘的旅行，对于人类的生活有什么危害性呢？

它们不但把我们的空气弄脏，还会弄脏我们的房屋、墙壁、家具、衣服，以及手上和脸上的皮肤。它们落到车床内部，会使机器的光滑部分磨坏；它们停留在汽缸里面，会使内燃机的活塞发生阻碍；它们还会毁坏我们的工业成品，把它们变成废品。这些还是小事。灰尘里面还夹杂着病菌和病毒，它们是我们健康的最危险的敌人。

灰尘是呼吸道的破坏者，它们会使鼻孔不通、气管发炎、肺部受伤，而引起伤风、流行性感冒、肺炎等传染病。如果在灰尘里边混进了结核菌，那就更危险了。所以必须禁止随地吐痰。此外，金属的灰尘特别是铅，会使人中毒；石灰和水泥的灰尘，会损害我们的肺，又会腐蚀我们的皮肤；花粉的灰尘会使人发生哮喘病。在这些情况之下，为了抵抗灰尘的进攻，我们必须戴上面具或口罩。最后，灰尘还会引起爆炸，这是严重的事故，必须加以防止。

因此，灰尘必须受人类的监督，不能让它们乱飞乱窜。

我们要把马路铺上柏油，让喷水汽车喷洒街道，把城市和工业区变成花园，让每一个工厂都有通风设备和吸尘设备，让一切生产过程和工人都受到严格的保护。

近年来，科学家已发明了用高压电流来捕捉灰尘的办法。人类正在努力控制灰尘的旅行，使它们不再成为人类的祸害，而为人类的利益服务。

热 的 旅 行

天气一天比一天冷了。天气越冷，人们就越需要热。

提起热来，就很容易想起太阳、火炉、烧红的铁块、开水和热汤等。

热是什么呢？依照科学的说法，热是一种能，就像光、电、原子能、无线电波、食物和燃料一样，都是能。

热是从哪里来的呢？太阳是热的最大源泉，它不断地向宇宙空间放射出它的热。

这种热射到地球表面的只占它所发出的总热量的二万万分之一，这一点热量，已经相当于每秒钟烧 60 万吨煤所产生的热。如果全地球的表面都结成 200 米厚的冰层，太阳所射到地面上的热量，也足够把它全部融化。

太阳是热的总司令，它指挥着热和寒冷作战。热还有大大小小的指挥官，火就是其中的一种。火是一种燃烧的现象，我们到处都可以见到它：在木炭盆里，在煤火炉里，在煤气炉里，在煤油灯上，在高炉里，在大大小小用火的场合。

电也是一名发热的指挥官，电流通过铜线，铜线就会发红、发热。电灯、电炉、电熨斗都很烫。

此外，摩擦、撞击和压缩空气，也都会发热；食物经过消化，燃料经过燃烧，以及原子核的破裂，也都是热的来源。

在日常生活中，我们时刻都可以发现，热不停地在奔走旅行。从太阳怀里跑到地球身上，这是它的一次长征；从火炉里跑到房间的每一个角落，从开水锅底跑到水面，这是它短距离的赛跑。

热是怎样在旅行呢？经过科学家的分析，热的旅行有三种途径，这就是说，有三种方法可以传热。

第一种方法叫作接触传热。

如果你用手来摸烧红的铁板，你就会大声叫"烫"，如果你光着脚在太阳晒热的水泥地上走动，你就会觉得脚底非常发烧。这些都是接触传热的表现。

如果你拿一瓶热水放在冰块上冰，这一瓶热水很快地就变冷了，变成冰水了，这也是接触传热的一个例子——热水接触到冰块而失去它的热。

在接触传热中，热的旅行，都是从热的物体身上跑到冷的物体身上去的，一直到这两种物体之间的温度相同为止。

不论固体、液体和气体，都能接触传热，而以固体传热显得最为便当。

在固体的行列中，金属的传热速度最快，是最好的导热体；木头、布、橡皮、纸都不善于传热，都是阻热体，而非导热体。所以炉子和锅子的手柄，都是用木头或橡皮做成的。

不流动的空气也不善于传热，因而在建造房屋的时候，为了御寒和防热，常用两层玻璃窗。

第二种传热的方法，是流动传热。水的流动和空气的流动都可以传热。

把水放在玻璃器皿里加热烧开，我们就会观察到热水上升，冷水下降。这就是水流动传热的表现。

空气动荡而成风，不论大风或是微风，都是热空气和冷空气对流的结果。这就是空气流动传热的表现。

一般现代化的房屋，都开辟有上下两个窗口，以流通空气，让热空气从上面的窗口奔出去,让新鲜的冷空气从下面的窗口流进来。

但是，在人口众多的房间里，例如电影院和大礼堂，这样的装置还不够用，就必须有通风设备，用电扇来鼓动空气，使它尽量地流通。

第三种传热的方法，就是辐射传热（这就是说，向周围放射热气）。每一种发热体，都不断地向四面八方放射出它的热。辐射传热，是不依靠实物的，就是在真空中也能进行。太阳的热和光以及其他各种辐射都一直不停地穿过 15 000 万公里的真空区域，达到地球的表面，费时间不过 8 分钟。它除了把热传给地球和它所遇到的别的东西以外，并不把任何一点热留给真空。

火也是一种发热体，它也是向四面八方放射它的热的。所以在灭火工作中，救火队员不得不戴上面具和披上保护衣，以避免火焰热气的威胁。

这些都是热的旅行的秘密。当人们掌握了这些秘密之后，在御寒和防热的斗争中，就能取得不断的胜利。

图书在版编目（CIP）数据

细菌世界历险记：思维导图版/高士其著. — 北京：中国致公出版社，2023

（少年知道）

ISBN 978-7-5145-2049-1

Ⅰ.①细⋯ Ⅱ.①高⋯ Ⅲ.①细菌 – 青少年读物 Ⅳ.①Q939.1-49

中国版本图书馆CIP数据核字(2022)第213307号

本书文字作品由中国文字著作权协会授权，电话：010-65978905，传真：010-65978926，E-mail: wenzhuxie@126.com。

细菌世界历险记：思维导图版/高士其 著

XIJUN SHIJIE LIXIAN JI：SIWEI DAO TU BAN

出　版	中国致公出版社	
	（北京市朝阳区八里庄西里100号住邦2000大厦1号楼西区21层）	
出　品	湖北知音动漫有限公司	
	（武汉市东湖路179号）	
发　行	中国致公出版社（010-66121708）	
作品企划	知音动漫图书·文艺坊	
责任编辑	丁琪德　郑紫烟	
责任校对	吕冬钰	
装帧设计	郑雨薇	
责任印制	程　磊	
印　刷	武汉精一佳印刷有限公司	
版　次	2023年3月第1版	
印　次	2023年3月第1次印刷	
开　本	710 mm×1000 mm　1/16	
印　张	12.5	
字　数	145千字	
书　号	ISBN 978-7-5145-2049-1	
定　价	32.80元	

少年知道

小学生彩绘版 / 题解版 / 思维导图版

初中生彩绘版 / 实验版 / 思维导图版